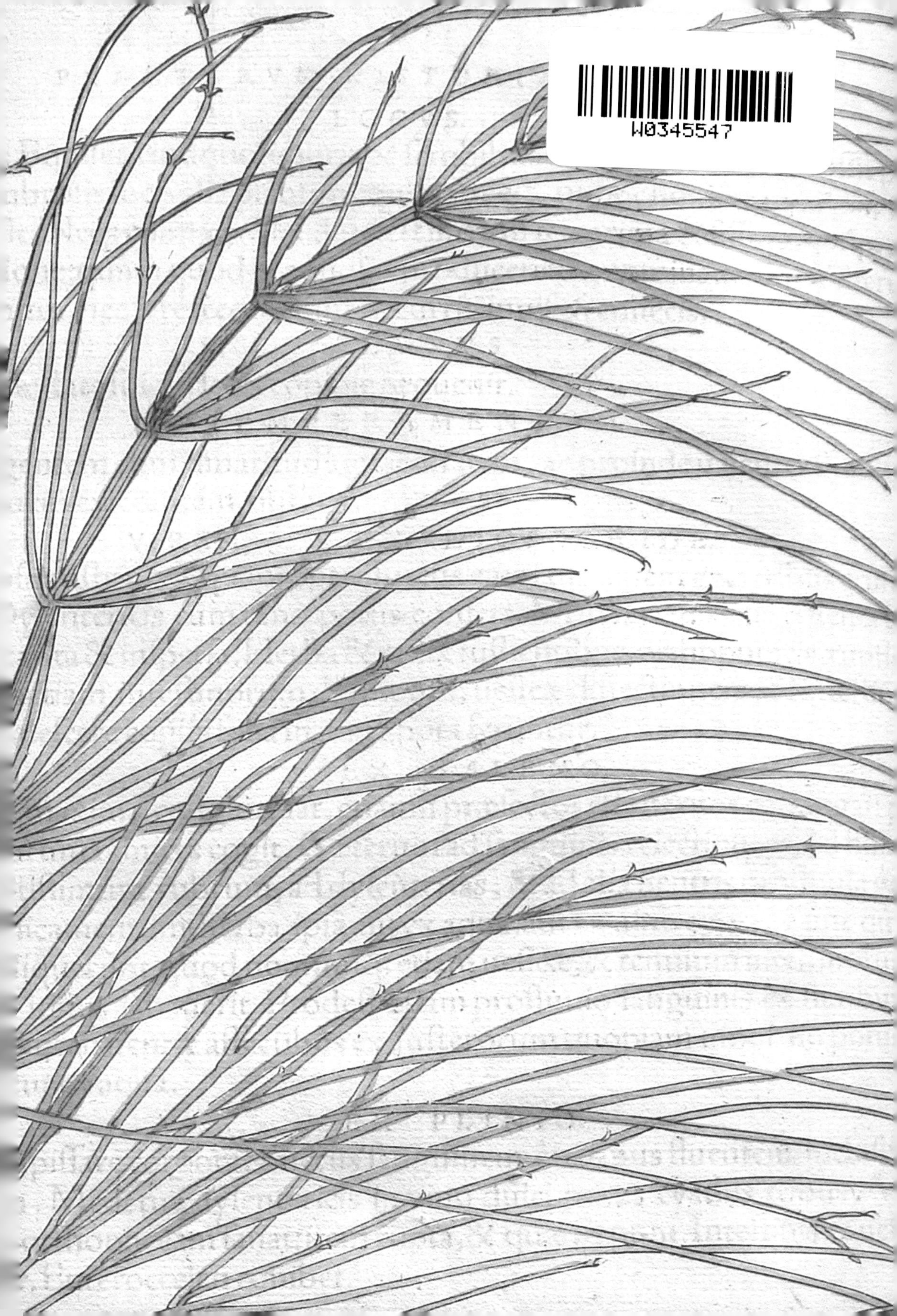

Thorbeckes magischer Kräutergarten

Matthias Bumiller

Thorbeckes magischer Kräutergarten

Wundersame Wirkungen alter Kräuter

Jan Thorbecke Verlag

Für Rosalinde

Bibliografische Information der Deutschen Nationalbibliothek
Die Deutsche Nationalbibliothek verzeichnet diese Publikation in der Deutschen Nationalbibliografie; detaillierte bibliografische Daten sind im Internet über http://dnb.d-nb.de abrufbar.

www.thorbecke.de · info@thorbecke.de

Der Autor bedankt sich bei Frau Dr. Janina Drostel vom Jan Thorbecke Verlag für die professionelle und sehr angenehme Zusammenarbeit. Autor und Verlag danken Herrn Dr. Eberhard Zwink, dem Leiter der Abteilung Alte und Wertvolle Drucke der Württembergischen Landesbibliothek Stuttgart, für seine fachkundige Unterstützung.

Dieses Buch ist aus alterungsbeständigem Papier nach DIN-ISO 9706 hergestellt.
Gestaltung:
Finken & Bumiller, Stuttgart
Gesamtherstellung:
Jan Thorbecke Verlag, Ostfildern
Printed in Germany
ISBN: 978-3-7995-3526-7

Der Verlag weist ausdrücklich darauf hin, daß dieses Buch kein medizinischer Ratgeber ist. Sämtliche Schilderungen sind kulturgeschichtliche Darstellungen, keinesfalls Anleitungen zur praktischen Nachahmung. Insofern wird keine Haftung übernommen.

Inhalt

Der Aberglaube ist die Poesie des Lebens.
Johann Wolfgang von Goethe
Maximen und Reflexionen (1833)

Elfenblut, Jungfernaugenbrauen, Venuswägelchen, Marientränе, Heil aller Welt, Unserer Lieben Frau Hände … Teufelsarsch, Verfluchte Jungfer, Pfaffenpint, Nichtvater, Hühnertod, Nackte Hure … So und ähnlich phantasievoll wurden unsere heimischen Pflanzen früher genannt. Doch wie kamen die Pflanzen zu diesen schönen und vielsagenden Namen? ¶

Aberglauben

Viele davon haben mit Aberglauben rund um die Pflanzen oder Heilwirkungen, die man ihnen zusprach, zu tun. In ihnen spiegelt sich auch die zentrale Bedeutung, die Pflanzen seit jeher für den Menschen hatten, denn schon bevor die Menschen seßhaft wurden, nutzten sie Tiere und Pflanzen, um zu überleben. Sie lebten von der Jagd und dem Sammeln von Früchten, Wurzeln und Blättern. Letzteres war vor allem die Aufgabe der Frauen, die genau wußten, welche Pflanzen man essen konnte, welche gegen Krankheiten halfen und welche man besser nicht verzehren sollte. ¶ In der Jungsteinzeit fand dann der Übergang zu Ackerbau und Viehzucht statt. Man begann, Pflanzen zu kultivieren und für den Bedarf anzubauen.

Verwendung

Sie dienten als Nahrungs-, Heil- und manchmal auch als Rauschmittel. Man verwendete sie zur Herstellung von Kleidung, Geräten oder Baumaterial. Vermutlich hat der Mensch viel von den Tieren gelernt, indem er beobachtete, welche Pflanzen sie verzehrten und welche nicht. Eine Generation gab das erlangte Wissen an die nächste weiter. Erst mündlich, später schriftlich. ¶

Kräuterbücher

Die Kräuterbücher der Frühen Neuzeit, deren Abbildungen diesem Buch zugrunde liegen, blicken daher auf eine lange Tradition zurück: Schon auf den frühesten Keilschrifttafeln des Vorderen Orients finden sich Erwähnungen von Pflanzen und deren Verwendung.

Hippokrates

Die ältesten heilkundlichen Schriften der Antike stammen von dem berühmtesten Arzt des Altertums, Hippokrates (460 — ca. 375 v. Chr.), und seiner Medizinschule. Sie wurden im sogenannten *Corpus Hippocraticum* zusammengefaßt.

Dioskurides

Ca. 78 n. Chr. vollendete der griechische Arzt Dioskurides seine *Arzneimittellehre*, in der er über 800 Arzneidrogen aus dem Pflanzenreich und deren Zubereitungen beschrieb.

Seine Zusammenstellung war bis ins 17. Jahrhundert Grundlage vieler Kräuterbücher. ¶ Auch im Mittelalter entstanden zahlreiche Schriften

Karl der Große

zu Kräutern und deren Heilwirkungen. 812 erließ Kaiser KARL DER GROSSE zum Beispiel seine Landgüterverordnung *Capitulare des villis.* Darin wurden u.a. 90 Pflanzen aufgelistet, die auf den kaiserlichen Hofgütern gepflanzt werden sollten. 827 verfaßte Abt WALAHFRID

Walahfrid Strabo

STRABO des Benediktinerklosters Reichenau dann seinen *Liber de Cultura Hortorum*, auch *Hortulus* genannt — eines der bedeutendsten botanischen Werke des Mittelalters. Walahfrid führte darin 23 Pflanzen

Hildegard von Bingen

auf. HILDEGARD VON BINGEN (1098 — 1179) vereinigte in ihren Abhandlungen *Causae et curae* und *Physica* dann das damalige Wissen über Krankheiten und Pflanzen aus der griechisch-lateinischen Tradition mit der Volksmedizin. Für viele dieser Heilpflanzen verwendete sie deren damals übliche deutsche Namen. Die erste ausführliche Darstellung der mitteleuropäischen Flora (*De vegetabilibus libri VII*) verfaßte der Domi-

Albertus Magnus

Konrad von Megenberg

nikanermönch ALBERTUS MAGNUS (um 1200 — 1280). KONRAD VON MEGENBERG (1309—1374) schrieb in den Jahren 1348 bis 1350 das *Buch der Natur*, das allgemein als das erste systematisierte deutschsprachige Wissenskompendium über die Natur angesehen wird. ¶ Die Erfindung des Buchdrucks wirkte sich auch bereichernd auf die Entstehung weiterer Kräuterbücher aus, die nun in größerer Zahl als zuvor auf den Markt gebracht werden konnten. Kräuterbücher waren mit unter den ersten gedruckten Büchern überhaupt, was auf die Bedeutung hinweist, die man Pflanzen und ihrer Heilwirkung zusprach. So brachte der Mainzer

Inkunabeln

Verleger PETER SCHÖFFER zum Beispiel bereits 1484 als Inkunabel das *Herbarius Moguntinus* heraus, worin u.a. 150 einheimische Heilpflanzen in alphabetischer Reihenfolge vorgestellt wurden. Der Verfasser der lateinischen Texte ist unbekannt. Vermutlich wegen des großen Erfolges brachte derselbe Verleger nur ein Jahr später ein neues Kräuterbuch in deutscher Sprache heraus, in dessen Vorwort es hieß: *Und nennen diß Buch zu latin Ortus sanitatis, uff teutsch ein gart der gesuntheit.* Der Autor dieses

Hortus Sanitatis

sogenannten *großen Hortus Sanitatis* war der Frankfurter Stadtarzt JOHANN WONNECKE AUS KAUB (MEISTER JOHAN VON CUBE), der die Anzahl der beschriebenen Pflanzen verdoppelte. 1491 verlegte JAKOB MEYDENBACH, ebenfalls in Mainz, einen lateinischen *Hortus*

16. Jahrhundert

Sanitatis mit über 1000 Holzschnitten. ¶ In der ersten Hälfte des 16. Jahrhunderts entstanden gleich drei herausragende Kräuterbücher: 1532 — 1537 erschien in Straßburg das deutsche *Contrafayt Kreüterbuch* von OTTO

Brunfels. Die darin enthaltenen detailgetreuen Holzschnitte — darauf wies Brunfels ausdrücklich hin — seien nach der Natur geschnitten. Hieronymus Bock war der Verfasser des ebenfalls in Straßburg entstandenen *New Kreutterbuch* von 1539, das allerdings erst in der zweiten Auflage mit Abbildungen erschien. Bock beschrieb darin über 700 Pflanzen und erwähnte dabei auch deren Verwendung im Volksbrauch und im Aberglauben. 1543 erschien dann in Basel das *New Kreüterbuch* von Leonhart Fuchs. Die darin enthaltenen Holzschnitte zeigen die Pflanzen teilweise — das war das Neue — in verschiedenen Entwicklungsstadien: Von der Darstellung der Knospe über die der geöffneten Blüte bis zur Frucht bekommt der Betrachter ein umfassendes Bild vom Aussehen der Pflanze. Otto Brunfels, Hieronymus Bock und Leonhart Fuchs werden wegen ihrer Leistungen in der Pflanzenkunde auch als die „Väter der Botanik“ bezeichnet. ¶ Zwei weitere wichtige Kräuterbücher der Frühen Neuzeit sind der 1544 zuerst in italienischer Sprache erschienene Kommentar von Pietro Andrea Mattioli zu den Schriften des Dioskurides, der später u.a. auch auf deutsch mit 563 Holzschnitten erschien, und das etwa um 1550 von Adam Lonitzer veröffentlichte *Kreuterbuch*, das es allein in den ersten 30 Jahren auf über 20 Auflagen brachte. ¶ Zu der Zeit, als die „Väter der Botanik“ ihre Kräuterbücher herausbrachten, wurde der junge Philippus Aureolus Theophrastus Bombastus von Hohenheim, genannt Paracelsus (1493—1541), Stadtarzt von Basel. Dieser Gelehrte prägte die Medizin Anfang des 16. Jahrhunderts entscheidend. Er war der bekannteste Vertreter der sogenannten Signaturenlehre, die keine naturwissenschaftliche Methode, die Natur zu erforschen, darstellt, sondern den Versuch, die Natur zu interpretieren. Von Auffälligkeiten oder Besonderheiten der Pflanze schloß man auf ihre spezifische Wirksamkeit. So brachte man zum Beispiel die Walnuß wegen ihres Aussehens mit dem Gehirn in Verbindung, die Bohne mit den Nieren. Rot blühenden Pflanzen schrieb man Einfluß auf das Blut zu und gelb blühenden auf die Galle. Und in der menschengestaltigen Alraunwurzel wollte man einen Pflanzendämon sehen. Paracelsus ließ sowohl Volksmedizin als auch Volksglauben in seine Schriften miteinfließen. ¶ Parallel zum Wissen um die Heilwirkung der Pflanzen existierte in allen Epochen auch der Glaube an ihre Zauberkraft. Uralte Ängste vor bösen Geistern, vor Verzauberung und Verhexung von Mensch und Tier waren der Grund, in der Natur nach Mitteln zu suchen, die als Gegenzauber dienen konnten.

Otto Brunfels
Hieronymus Bock
Leonhart Fuchs
Pietro Andrea Mattioli
Adam Lonitzer
Paracelsus
Signaturenlehre
Zauber

ewige Jugend · *erwiderte Liebe* · *Zukunft*

Gleichzeitig hoffte man, mit der Kraft der Zauberpflanzen die Erfüllung verschiedenster Menschheitsträume bewirken zu können: den Traum von einem langen Leben, von immerwährender Jugend und Schönheit, von erwiderter Liebe, von der Erfüllung eines Kinderwunsches bis hin zum Blick in die Zukunft. ¶ Dieses Buch spürt in Pflanzenporträts den magischen Wirkungen, die man einzelnen Pflanzen zusprach, deren Hintergründen und den vermeintlichen und tatsächlichen Heilwirkungen der Pflanzen nach. Begleitet werden die Porträts von prachtvollen historischen Abbildungen, die den Geist vergangener Jahrhunderte eindrucksvoll widerspiegeln.

Matthias Bumiller, 24. Februar 2007

Mich hat ein Halm gemachet froh:
Er sagt, ich sollte Gnade finden.
Ich maß ein kleines Stückchen Stroh,
Wie ich zuvor es sah bei Kindern.
Nun höret zu und merket auf, ob sie es tu':
Sie tut, tut's nicht, sie tut, tut's nicht, sie tut.
Wie oft ich messen mocht, stets war das Ende gut.
Das tröstet mich; doch Glaub' gehöret auch dazu.

Walther von der Vogelweide
(um 1170—ca. 1230)

Zu den folgenden Seiten:

Die Künstler, die das *New Kräuterbuch* von LEONHART FUCHS illustriert haben: die beiden Zeichner HEINRICH FÜLLMAURER und ALBERT MEYER sowie der Formschneider VITUS RUDOLF SPECKLE.

Notizen eines Apothekers, gefunden in einem Kräuterbuch von 1577.

Kritzeleien und Notizen, gefunden in einem Kräuterbuch von 1532.

Narzisse (Narcissus). Aus: *Ortus Sanitatis*, Straßburg 1517.

Moos vom Totenkopf (Muscus ex Craneo Humano). Aus: *New vollkommen Kräuter-Buch* von JAKOB THEODORUS, Basel 1664.

Der Buchsbaum (Buxus), dem antidämonische Wirkung nachgesagt wird, und ein Hahn vertreiben den Teufel. Aus: *Kreutterbuch* von HIERONYMUS BOCK, Straßburg 1595.

Destillierapparatur. Aus: *Das New groß Distillier Buch* von Walther Hermann Ryff, Frankfurt 1545.

Abdruck der Blüte vom Adonisröslein (Adonis Hortensis major). Aus: *Eigentliche Darstellung Einiger Tausend in allen vier Welt-Theilen gewachsener Bäume, Stauden, Kräuter, Blumen, Früchte und Schwämme …* von JOHANN WILHELM WEINMANN, Regensburg 1735.

Ein unbekant waldtkraut. Aus: *Contrafayt Kreüterbuch* von OTTO BRUNFELS, Straßburg 1532.

PICTORES OPERIS,

Heinricus Füllmaurer. Albertus Meyer.

SCVLPTOR

Vitus Rodolph. Speckle.

Calips stahl – – – – – ♂

Caput mortuum dotne kopff

Cineris aschen – – – – – –

Clavellati potaschen –

Cinnaberis Cinobert – – –

Cornu Cervi Hirschhorn – – C.C.

Ustum gebrant C.C. Ust

Cuprum Kupfer – – – – ♀

Hora Stunde – – – –

ignis feuer – – – – – △

ignis rote Verbrenit feuer –

Jupiter Zin – – – – ♃

Nitrum Salpeter – – –

Saturnus plombo bleij – – ♄

oleum öhl – – – – –

pulvis pulver – – – –

Spiritus geist – – – –

Sal saltz – – – – – ⊖

Salarmoniac Salmiac –

Salgemma Stein saltz – –

Sulphur Schwefel – –

[illegible]

[illegible]

[illegible] 1534

Item das Hans Baumgartner [illegible]

[illegible]

[illegible] das gelt an den [illegible]

[illegible]

n in vino de-
n valent: di

bo:: et est tyriaca napelli: et est maior eo: ⁊ in eo sunt omnia iuuamentua que sunt in napello.

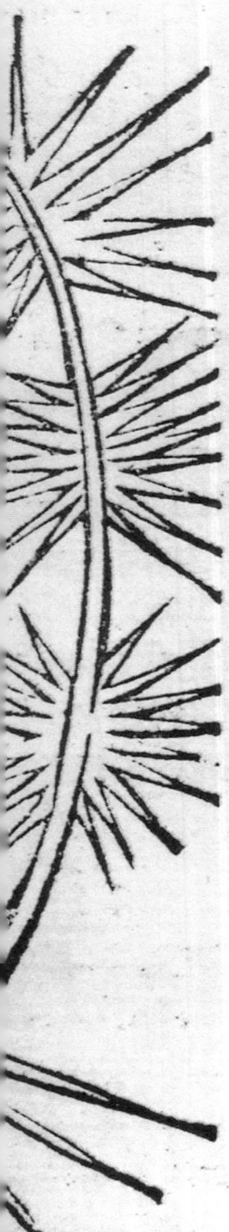

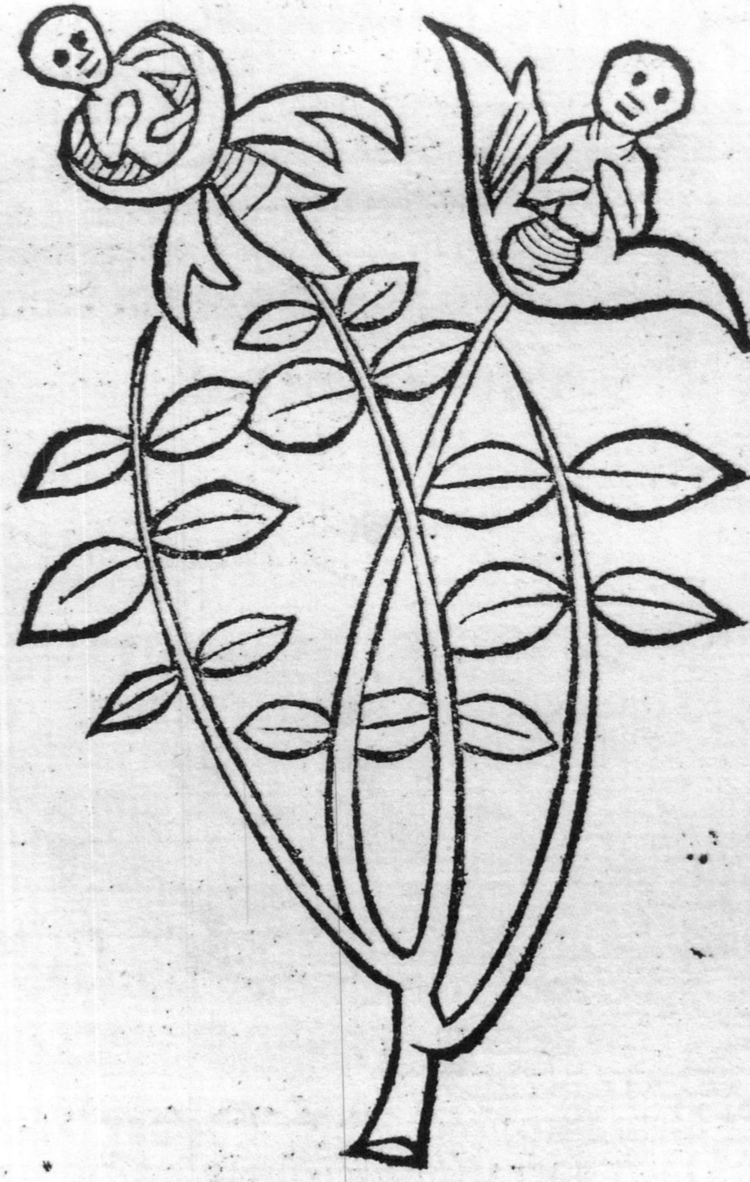

Caput. cccvij.

s. cccccclxiiij.
facta ē sicut
adix est ordi

Narciscus vel bulbus vomiferus: vel cepe marinum. ¶ Dyascorides capitulo Narciscus vl'bulbus ematicus braucht zu dem wolriechenden Pulver / welches man pulverem Cyprium nennet.]

Mooß von Todtenkopff.
Muscus ex craneo humano.

C

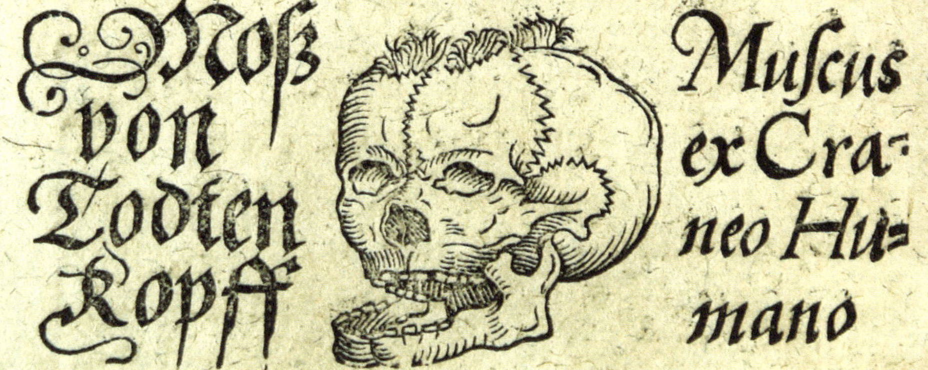

Mooß von Todtenkopff.

Etliche Medici vnd Apothecker legen einen Todtenkopff eine zeitlang an einem feuchten Orth / auß welchem endtlich ein Mooß herfür wächst / solches nemen sie vnd halten es zum Gebrauch.

D

Blut stillen.

Es wird aber fürnemlich genützet zu der Blutstillung / darzu es ein sonderlich Experimentum seyn sol / wann man das Mooß zu einem Pulver macht vnd einstrewet.

Buxbaum.

Von den Namen.

Buxbaum heißt zů Latein Buxus/ vñ auff Griechisch /den Samen nennen etliche Viscum Carthegon/ vnnd Hyphear. Weitter will ich mit dē Buxbaum nichts zůthůn haben.

Roht Haar.

Will aber jemandts ein roht Haar haben/ der mag Buxbaum laub vñ stengel in Laugen sieden/ vnd darmit sich zwagen.

Schweiß. Frantzosen.

A Die Reißlein/ Holtz vñ bletter des Buxbaums gekochet/ wie man Lignū Guaiacum zů sieden pflegt/ treibet sehr durch den Schweiß/ soll derhalben inn der Frantzosen Cur erwöhlet werden.)

s Innerlich.

Vnsinnigkeit.

Buxbäumen bletter gedörrt vnnd gepulvert/ mit Lauendel wasser eingenommen/ benimpt vnsinnigkeyt.

Bauchflüß.

Buxbaum in rain Wasser geschabet/ gesotten/ dauon genützt/ ist gůt wider Bauchflüß.

Ibenbaum. Cap. lvj.

Taxus Matth. Dod. Lob. Portæ. Camerar.

DEN Welschen gifftigen Ibenbaum/ zů Latein Taxus genandt/ hab ich dem Buxbaum wöllen nachsetzen/ nit allein darumb das er stäths grüne bletter hat/ sonder das er Vihe vnd Menschen nicht vil nützet/ dann also schreiben die Alten/ wann diser Baum blüe/ vnd so als dann jemands vnder dem Baum entschlaffe im Schatten/ der müsse sterben. Deßgleichen wann das Vihe der rohten Beerlein versüche/ so sterbe es auch. Wir wöllen seiner gern empären in vnserm Lande. A Die Hellische Göttin Furie/ tragen Fackeln von disem Baum gemacht.)

Von den Namen.

Toxica.

IN Dioscoride lib. iiij. vnd lib. vj. cap. xij. heißt diser schädliche Baum Smilax/ Thymion/ Milos vnd Taxus. Dannen her die Gifft Taxica nůn mehr Toxica genennet werden/ Die vrsach aber ist dise/ Man liset bey den Alten/ wann Trinckgeschirr auß gemeltem Baum Taxo gemachet werden/ sollen die jhenige/ so auß gedachten Geschirren

¶ In solcher gstalt möcht man ij. oder
A iij. pfañen in einen ofen setzen der weit genůg/mag doch mit einem feur gewermbt werden vnnd vff einem rost/ ist alles ein arbeit/also geformiert/wie nachuolgt.

¶ Gemeyn ofen mit dreien helmen.

Ein geringe vnd leichte

Form on allen kosten/in der eil vnd fürs gemeyn baurs volck/einen Breñofen zumachen.

Nim einenn grossen irden/wol verglaseten hafenn/ über den
B selbigen spanne ein starck weiß gewaschenn leininn tůch/bind

Vo
vnd
C
ob sie
oder o
in het
tende
damit
worde
tag si
gesam
matis
Sold
der hi

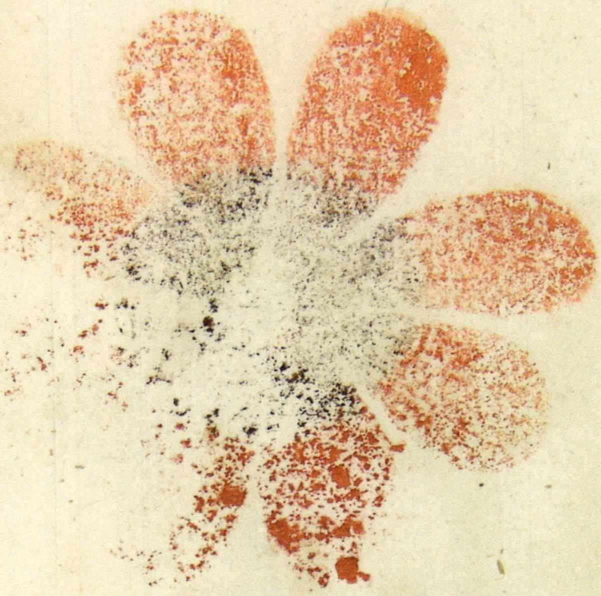

Ein vnbekant waldtkraut.

Die Pflanzen

Alant / Inula helenium / *auch: Odinskopf, Helenenkraut, Galantwurzel, Edelwurz*

Tränen der Helena

Der Alant kann bis zu 1,5 Meter hoch werden. Man erkennt ihn an seinen großen gelben Blütenköpfen. Zwischen Juli und September blüht er an Waldrändern, in Gräben oder am Ufer von Teichen und Seen. Auf dem Land wird er zu Heilzwecken häufig im Garten gezogen. ¶ Die Griechen erzählten, daß das Helenenkraut aus den herabfallenden Tränen der schönen Helena entstand, die sie bei ihrer Entführung durch Paris vergoß. Einer zweiten Sage nach soll Helena gerade Alant gepflückt haben, als Paris sie entdeckte und — durch den Duft der Pflanze bezaubert — sie gewaltsam mit sich nach Troja nahm. ¶ Als Zauberabwehrmittel half der Alant gegen viele böse Geister. Deshalb räucherte man am Heiligabend die Stube mit Alant aus, waren doch die Rauhnächte, die Nächte zwischen der Wintersonnenwende am 21. Dezember bis zum Dreikönigstag am 6. Januar, die Zeit, in der die Menschen besonders von bösen Geistern heimgesucht wurden. Das ganze Jahr über hing für jede Kuh ein Alantsträußchen im Stall, um das Vieh vor bösem Zauber zu schützen. Beim Menschen sollte er außerdem gegen Alpträume und Hexenschuß helfen. ¶ Auch als Küchengewürz besaß die Pflanze seit der Antike eine gewisse Bedeutung, da man ihr appetitsteigernde Wirkung zusprach: *... Diese Soße mit frischem weißem Senf und Alant zu verbessern, ist, ohne Ruhm zu melden, meine eigene Erfindung ...* HORAZ (65 v. Chr. — 8 v. Chr.), *Satiren*, aus dem Lateinischen von C.M. WIELAND

Räuchermittel

Wer an Appetitlosigkeit leidet,
soll auf einer frischen
Alantwurzel
kauen.

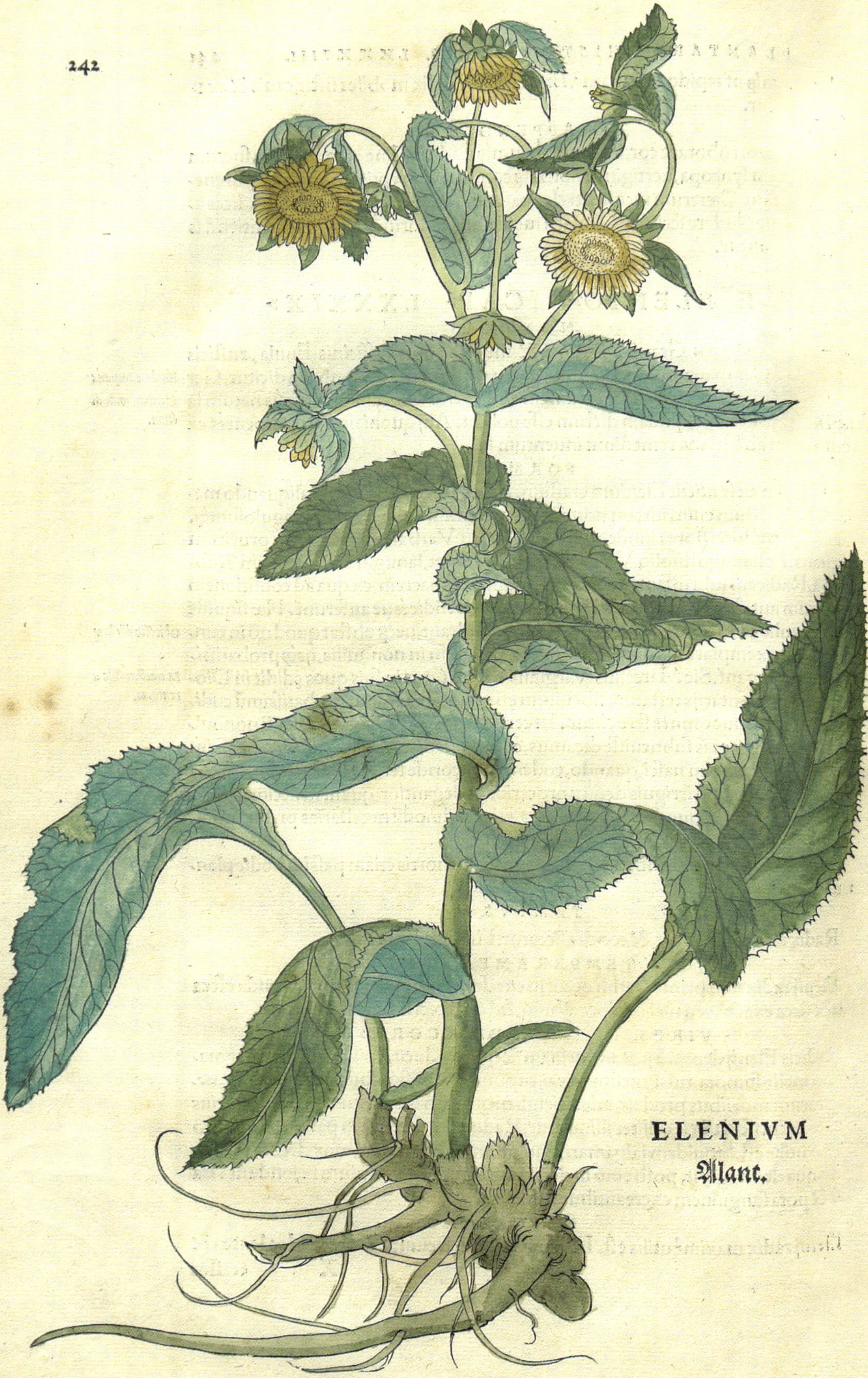

ELENIVM
Alant.

Allermannsharnisch / Allium victorialis / *auch: Siegwurz, Alpenlauch, Neunhemderwurz, Neunhämmerlein, Bergalraun, Sieglauch*

Der Allermannsharnisch, eine Lauchart, ist in den Alpen auf felsigen Matten in einer Höhe bis zu 3000 Metern zu finden, hin und wieder auch im Schwarzwald. Seine gelben Blüten stehen in einer kugeligen Scheindolde. Er blüht im Juli und August. ¶ Wegen seiner vielen Zwiebelhüllen („Neunhemderwurz") galt der Allermannsharnisch seit jeher

Unverwundbarkeit

als ein Zaubermittel, um sich unverwundbar zu machen. Er wurde zu diesem Zweck als Amulett um den Hals getragen. Ihm wurde die Kraft von neun Männern oder neun Hämmern angedichtet. ¶ … *Un denn de Lüd', de denken ümmer, ick kann hexen und all so wat. Ick kann awer joar nix un hebb man blot en beten Liebstöckel un Wacholder un Allermannsharnisch.* THEODOR FONTANE, *Der Stechlin* (1899) ¶ Ganz allgemein gilt der Allermannsharnisch, wohl wegen seines starken, knoblauchartigen Geruchs,

gegen bösen Zauber

als Mittel gegen Hexen und allen bösen Zauber. ¶ Aus den Zwiebeln des Allermannsharnischs wurden Alraunen gefälscht und als solche verkauft. Die „Glücksalraune", die noch zu Beginn des 20. Jahrhunderts im Kaufhaus Wertheim in Berlin für 1,50 Mark angeboten wurde, enthielt die Zwiebelhüllen des Allermannsharnischs. ///////////////////////////////

Eine Zwiebelhaut vom Allermannsharnisch auf die Nase gelegt, und das Nasenbluten hört auf.

a. Allium Alpinum. Ail Ser=
pentain. Allerman-Harnisch.
b. Allium pallu„stre. Wald-Knoblauch.
c. Allium Ca„ninum Hunds-Knoblauch.
d. Allium sylvestre tenuifolium.

„Männliche" Alraune oder Frühjahrsalraune / Mandragora officinarum
auch: Erdmännchen, Galgenmännlein, Wurzelknecht, Diebeswurzel, Pissedieb, Teufelsapfel, Armesünderblume, Henkerswurzel, Hundsapfel, Liebesapfel

Die Alraune gehört zu den Nachtschattengewächsen und ist sehr giftig. Ihre kurzstieligen Blätter bilden eine Rosette mit bis zu 40 Zentimetern Durchmesser. Die längs gespaltene fleischige Wurzel kann bis zu 60 Zentimeter lang werden. Sie kommt vor allem in Südeuropa, Nordafrika und im Nahen Osten vor und wächst an sonnigen Standorten, hauptsächlich auf unbewirtschafteten Böden oder an Wegrändern. Die Alraune kann auch in Deutschland angepflanzt werden. Die „männliche" Alraune blüht im Frühjahr weißlich-grün bis gelblich. Ihre Früchte sind goldorange gefärbte, kugelige, fast pflaumengroße Beeren. ¶ Der Name Alraune entwickelte sich aus dem althochdeutschen *alrûn* und läßt sich mit dem gotischen Wort *rûna* („Geheimnis") in Verbindung bringen. ¶ Die Alraune ist sicherlich eine der unheimlichsten, gefürchtetsten und sagenumwobensten Zauberpflanzen überhaupt. Seit annähernd vier Jahrtausenden werden ihr magische und medizinische Eigenschaften zugeschrieben. ¶ Jakob und Wilhelm Grimm beschrieben in ihrer Sagensammlung *Deutsche Sagen* von 1816 die Alraune und ihre Gewinnung folgendermaßen: *Wenn ein Erbdieb, dem das Stehlen durch Herkunft aus einem Diebesgeschlecht angeboren ist … gehenkt wird und das Wasser läßt [seinen Samen auf die Erde vergießt], so wächst an dem Ort der Alraun oder das Galgenmännlein. … Bei der Ausgrabung desselben ist große Gefahr, denn wenn er herausgerissen wird, ächzt, heult und schreit er so entsetzlich, daß der, welcher ihn ausgräbt, alsbald sterben muß. Um ihn daher zu erlangen, muß man, … nachdem man die Ohren mit Baumwolle, Wachs oder Pech wohl verstopft, mit einem ganz schwarzen Hund, der keinen andern Flecken am Leib haben darf, hinausgehen, … [die Alraune] mit einer Schnur dem Hund an den Schwanz binden, ihm ein Stück Brot zeigen und eilig davonlaufen. Der Hund, nach dem Brot gierig, folgt und zieht die Wurzel heraus, fällt aber, von ihrem ächzenden Geschrei getroffen, alsbald tot hin. Hierauf nimmt man sie auf, wäscht sie mit rotem Wein sauber ab, wickelt sie in weiß und rotes Seidenzeug [und] legt sie in ein Kästlein, ….* ☞

Geheimnis

Zauberpflanze

Galgen

schwarzer Hund

cetur in ꝯfectōnibus ꝓpter excellēs iuua
mentum quod est in ea.

Glück und Reichtum

Fragt man nun den Alraun, so antwortet er und offenbart zukünftige und heimliche Dinge zu Wohlfahrt und Gedeihen. Der Besitzer hat von nun an keine Feinde, kann nicht arm werden, und hat er keine Kinder, so kommt Ehesegen. ¶ In dieser Grimmschen Sage, die in großen Teilen auf Flavius Josephus' Beschreibung der Alraune in der *Geschichte des jüdischen Krieges* (75—79 n. Chr.) zurückgeht, findet man die wichtigsten Elemente des Alraunenglaubens: die Entstehung aus dem Samen bzw. dem Urin eines Gehängten, das schwierige Ausgraben der Pflanze, die menschenähnliche Gestalt der Wurzel und ihre magische Kraft. ¶

menschenähnliche Gestalt

In Achim von Arnims Erzählung *Isabella von Ägypten* von 1812 gelingt es dem Mädchen Isabella, eine Alraune nach der beschriebenen Methode zu gewinnen. Das Galgenmännlein verhilft ihr zwar zu Reichtum, entwickelt jedoch auch einen ganz eigenen Kopf. Heinrich Heine faßt in seinem Aufsatz *Die romantische Schule* (1334/35) das Geschehen folgendermaßen zusammen: *Diese Wurzel wächst unter dem Galgen, wo die zweideutigsten Tränen eines Gehenkten geflossen sind. Sie gab einen entsetzlichen Schrei, als die schöne Isabella sie dort um Mitternacht aus dem Boden gerissen. Sie sah aus wie ein Zwerg, nur daß sie weder Augen, Mund noch Ohren hatte. Das liebe Mädchen pflanzte ihr ins Gesicht zwei schwarze Wacholderkerne und eine rote Hagebutte, woraus Augen und Mund entstanden. Nachher streute sie dem Männlein auch ein bißchen Hirse auf den Kopf, welches als Haar, aber etwas struppig in die Höhe wuchs. Sie wiegte das Mißgeschöpf in ihren weißen Armen, wenn es wie ein Kind greinte; mit ihren holdseligen Rosenlippen küßte sie ihm das Hagebuttmaul ganz schief; sie küßte ihm vor Liebe fast die Wacholderäuglein aus dem Kopf; und der garstige Knirps wurde dadurch so verzogen, daß er am Ende Feldmarschall werden wollte, und eine brillante Feldmarschalluniform anzog, und sich durchaus Herr Feldmarschall titulieren ließ.* ¶ Da die Alraune in Deutschland nicht heimisch ist, galt sie als besonders wertvoll. So wundert es nicht, daß

Fälschungen

vor allem im Mittelalter Fälschungen aus den Wurzeln anderer Pflanzen, wie Zaunrübe, Enzian, Allermannsharnisch oder Wegerich, hergestellt und auf Märkten verkauft wurden.

Alles, was der Mensch ersehnt, kann ihm die Alraune verschaffen.

MANDRAGORA MAS.

Alraun mennle.

„Weibliche" Alraune oder Herbstalraune / Mandragora autumnalis

Die Herbstalraune ist eine mehrjährige Pflanze. Ihre blaßgrünen, eiförmig-länglichen Laubblätter haben eine behaarte Oberfläche und bilden eine Rosette mit über einem halben Meter Durchmesser. Wie die Frühjahrsalraune hat sie eine dicke, tief gespaltene Wurzel. Die »weibliche« Alraune blüht violett von September bis November. Ihre eiförmigen, gelblich-braunen Früchte verströmen einen unangenehmen, intensiven Geruch. Herbstalraunen findet man im Mittelmeerraum, in Nordafrika und im Nahen Osten. Im Gegensatz zur Frühjahrsalraune bevorzugt sie eher schattige Plätze. ¶ Der weiblichen Alraune wurden dieselben magischen Wirkungen wie der männlichen zugesprochen. ¶ *Weh, wenn ich zu früh erwachen sollte, wenn mich ein ekelhafter Dunst umqualmt, wenn's kreischt, als grübe man Alräunchen aus, bei deren Ton der Mensch von Sinnen kommt.* William Shakespeare, *Romeo und Julia* (1597)

Wer eine Alraunwurzel ausgraben will, sollte eine Trompete mitnehmen.

rubicundus: p Et idem auct. oyal.
Radicē mādragore multi dāt ad amorē.

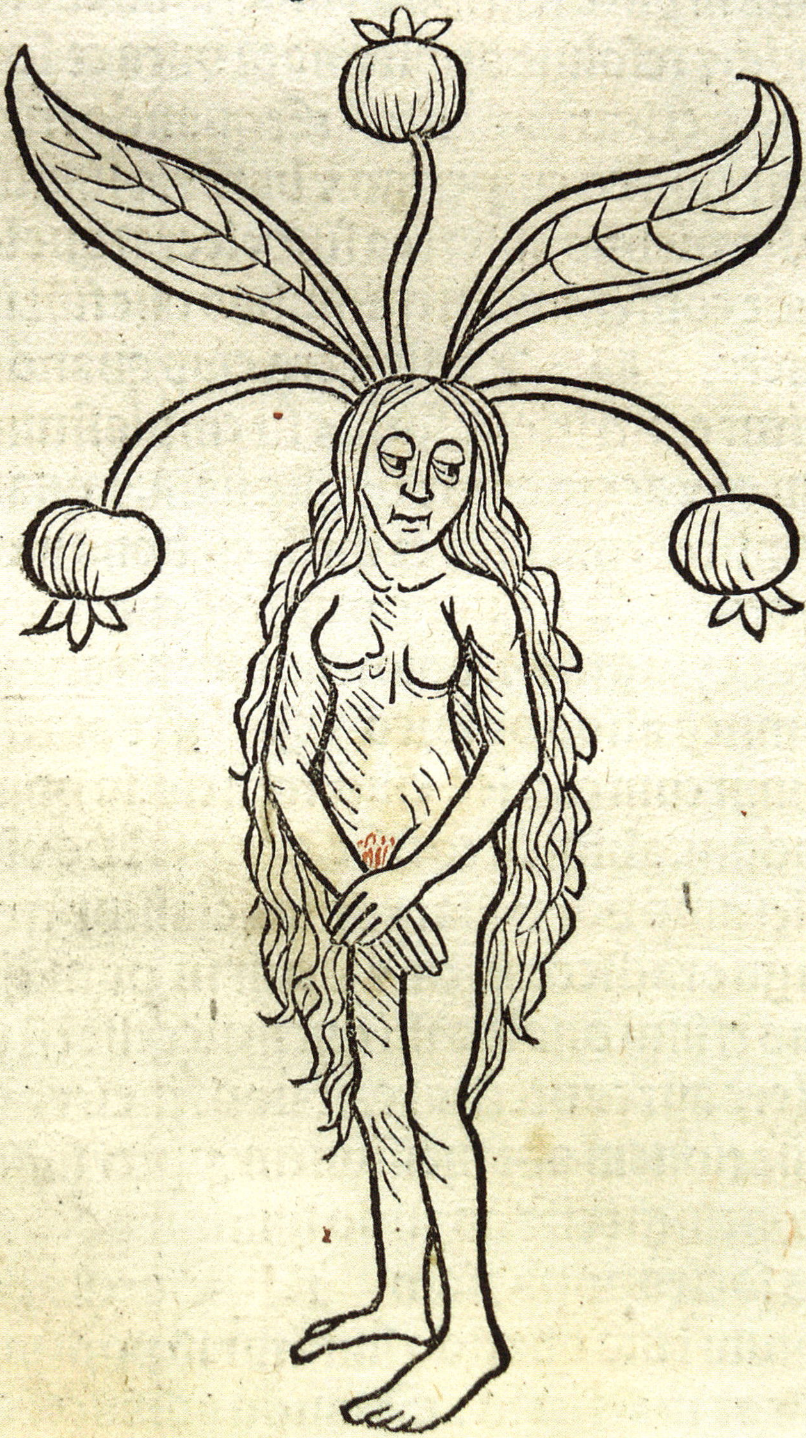

La. cclxxvij.

Andragora femine. Serap. auct.

ge
ve
7'c
La
mo
fle
to
me
tu

Gefleckter Aronstab / Arum maculatum / *auch: Zehrwurz, Drachenwurz, Zeigkraut, Pfaffenpint*

Den Aronstab mit seinem kolbenförmigen Blütenstand, umgeben von einem weißlichen, tütenförmigen Hüllblatt, findet man von April bis Juni in Laubwäldern und im Gebüsch. Noch auffälliger ist er im Hochsommer im Fruchtstand mit grellroten Beeren. ¶ Der Name leitet sich

Hohepriester Aaron

vom dürren Stab des Hohepriesters Aaron ab, der plötzlich zu grünen und zu blühen begann: *Am nächsten Morgen, als Mose in die Hütte des Gesetzes ging, fand er den Stab Aarons vom Hause Levi grünen und die Blüte aufgegangen und Mandeln tragen* (4 Mos 17,23) ¶ Mit Hilfe des Aronstabs konnte die zu erwartende Ernte abgelesen werden. Einzelne Teile der Pflanze wurden dabei unterschiedlichen Ernteerträgen wie der Wein-, der Getreide- oder der Kartoffelernte zugeordnet. An ihrer Ausprägung glaubte

Liebeszauber

man, die Höhe der jeweiligen Ernte erkennen zu können. ¶ Auch für Liebeszauber war der Aronstab sehr begehrt. Gesucht wurde er vor allem an Himmelfahrt oder Pfingsten. An diesen Tagen soll er am zauberkräftigsten sein. Für einen Liebeszauber sprach man zum Beispiel folgende Worte: *Zehrwurzel leg ich mir in die Schuh'. Ihr jungen Gesellen, lauft mir zu!*

männliches Geschlecht

Die vage Ähnlichkeit des Blütenkolbens mit dem männlichen Geschlecht regte die Phantasie an. So sprach man mancherorts auch vom „Pfaffenpint". ¶ Aus der Wurzel des Aronstabs brannte man Schnaps. In den Karpaten wurde der Wurzelstock der Pflanze getrocknet und zermahlen dem Brotmehl untergemischt. Ob das gebackene Brot auch als Aphrodisiakum dienen sollte, ist unklar. In jedem Fall maß man ihm aber verdauungsfördernde Wirkung zu.

Schnaps

Brot

Ißt man beim Aufstehen ein haselnußgroßes Stück der Aronstabwurzel, so vermag man ein ganzes Schaf zu essen und zu verdauen.

ARVM

Pfaffenpint.

Gewöhnlicher Beifuß / Artemisia vulgaris / *auch: Sonnwendgürtel, Gänsekraut, Himmelsuhr, Wilder Wermut, Himmelskuh*

Der Beifuß kann bis zu 1,5 Meter hoch werden. Man erkennt das Kraut an seinem stark aromatischen Geruch. Es blüht eher unauffällig zwischen Juli und Oktober mit ins Hellrosa gehenden, traubigen Blütenköpfchen. Zu finden ist es an Wegrändern, Zäunen und Mauern. ¶ Wie Johanniskraut und Arnika gilt der Beifuß, der um die Sommersonnenwende gesammelt wird, als besonders zauberkräftig. Er wurde als Mittel gegen jeglichen Zauber verwendet. War der Ehefrieden gestört, das Vieh krank, die Milch oder die Eier schlecht, dann half Beifuß als Gegenzau-

Sonnenwende

ber. Während der Sonnwendfeier war es üblich, beim Tanz um das Johannisfeuer einen Beifußgürtel zu tragen und ihn zum Abschluß ins Feuer zu werfen. Dieser Brauch sollte für das restliche Jahr vor Krankheit schützen.

Frauenkraut

¶ Beifuß war auch ein anerkanntes Frauenkraut, das die Geburt beschleunigen und die Nachgeburt austreiben half. Sogar Unfruchtbarkeit sollte er beheben können. ¶ Verschiedene Quellen erzählen von geheimnisvol-

Kohlen

len Kohlen, die man am Johannistag unter der Beifußstaude finden kann. Diese, um den Hals getragen, sollten Fieber vertreiben. Sie wurden auch „Narrenkohlen“ genannt.

Man wird beim Wandern nicht müde,
wenn man sich ein Zweiglein
Beifuß in den Schuh
legt.

ARTEMISIA
LATIFOLIA.

Beifuß.

Kleine Bibernelle / Pimpinella saxifraga / *auch: Bockwurz, Bockspetersilie, Pimpernell, Pfefferwurzel*

Die Bibernelle ist ein Doldengewächs, das bis zu 20 Zentimeter hoch werden kann. Man findet sie, weißblühend, zwischen Juni und Oktober sehr häufig auf Wiesen und an Waldrändern. ¶ Es könnte sein, daß die Bibernelle ihren Namen deshalb trägt, weil ihre Wurzel ähnlich scharf riecht wie Biberhoden. Da ihr Geruch auch an den von Ziegenböcken erinnert, die als besonders liebeslustig galten, wurde die Wurzel als Aphrodisiakum verwendet. Gleichzeitig sollte sie vor ungewollten Schwangerschaften schützen. ¶ Im späten Mittelalter erscheint die Bibernelle daneben auch als Pestpflanze. Alte Sagen erzählen, daß ein Vogel, ein Zwerg oder ein Moosfräulein das Kraut mit folgenden Worten als Pestmittel anpreisen: „Eßt Bibernell, und ihr sterbt nicht so schnell.“ ¶ *Ich sprach: „Erst muß ich an den Quell, / Da steht das Kräutchen Pimpernell. Das muß ich erst ausreißen, / Mir träumt', es wollt mich beißen.*“ CLEMENS VON BRENTANO, *Das Märchen von Schnürlieschen* (ca. 1840) ////////////

scharfer Geruch

Pest

Der milchartige Saft der Bibernellewurzel hilft jungen Müttern, ihre Milch zu vermehren.

E Das wasser ist gůt für hitz d lebern/ am morgen/mittag/vnd zů nacht getrun-cken/vnd ein henffin werck dariñ genetzt/ vñ vßwēdig über die leber gelegt F Dz wasser ist gůt den jungē kindē/ für hitz vñ würm morgēs vñ abēds/yedes mal zwey lot getrunckē. G Das wasser morgens mittags/vnd abēds getrunckē yedes mal dry lot/löscht den durst/vñ in solcher maß ist es auch gůt für die pestilentz. H Bur zeln wasser ij. lot/ dariñ gebeyßt zehen ger sten körner/ also schwer basyliē samen/vñ des mit eim badschwemlin vff die zůg ge-strichen/ zum tag drey oder vier mal/ das hilfft denē die zung schwartz ist worden in einē heissen siechtagē. J Das wasser ist gůt zů erkülen das hitzig geblůt/so man es trinckt vnd vnder seinē tranck mischt/ es vertreibt auch den schmertzen der blasen. K Das wasser getrunckē etwan manig mal vff dry lot/ vertreibt das keichen von heissen süchten.

Von Bibinellen

Bibinellen wa
das kraut vō den lateinisch
pinella genāt/des krauts z
schlecht seind/mit einem subtylen
vff ein ellen bogen hoch/mit einem
weissen blümlin/mit einer scharpff
len im geschmack/Das ander vo
groß Bibinel oder wilde bestenaw
Die best zeyt seiner distilierūg ist d
mit der scharpffen wurtzel/kraut
zel mit aller seiner substātz/vnder
gehackt/gestossen vnnd gebrandt
des meyen/sunderlich das da wa
vff dürre oder gebirgen. Wañ als
sprechen/ein yedes kraut oder wur
dē dürrē erdtrich od hohē gebirgē
in der überflüssigē flegma od feüc
im entzogen ist/ deßhalb ein yedes
dester lēger werē mag/dz soltu me
gātzē fleiß in allē krütern vñ wur
ser. A Bibinellē wasser getrunckē
vñ abēds yedes mal iij. lot/ ist g
stein. B Bibinellen wasser getrū
vor geschribē/ ist gůt für das grie
lendē od in d blasen/ vñ reinigt di
dē ruckē vñ lendē. C Bibinellē w
antlit vñ hend damit gweschē m
abends/vñ vō jm selber lassen tr
dē etwan manchen tag/ so werdē
schön vñ hübsch. D Bibinellē w
morgē vñ abēds getruncken yed
lot/ist gůt für die pestilētz. E
wasser vō der edlē bibinel wurtz g
das zů viij. tagē ein mal getrunc
ob böse lüfft weren dester offter/
derlichen gůt zů behůten vor der

F Bibinellen wurtzel/ morgēs
getruncken yedes mal zwey lot/
frawen den die můter zů kalt ist
binellen gesotten mit bibergeil/
tag allen tag zwey lot getrunck
bet das gegycht der menschē.
nellen drey oder vier tag allen
abens getrunckē/bringt den fra
J Bibinellē vier lot nüchtern
so mag eim menschē den selbigē

Schwarzes Bilsenkraut / Hyoscyamus niger / *auch: Teufelsauge, Nasenwurz, Saubohne, Schweinekraut, Prophetenkraut, Hühnertod*

Das Schwarze Bilsenkraut gehört zur Familie der Nachtschattengewächse und ist sehr stark giftig. Es blüht gelb-violett von Juni bis Oktober und wächst an Wegrändern, auf Brachflächen und Schutthalden. Man erkennt es an seinen zottig behaarten, klebrigen Blättern oder an dem unangenehmen Geruch, den es ausströmt.

Narkotikum

¶ Die narkotisch wirkende Pflanze läßt sich vom Altertum an als Schmerzmittel nachweisen. Der Bilsenkrautsamen wurde genutzt, indem man ihn auf glühende Kohlen legte und den aufsteigenden Rauch einatmete. Auch die Priesterin des Orakels von Delphi soll ihre Weissagungen unter dem Einfluß dieses Räucherdufts gemacht haben. Er linderte aber nicht nur körperliche Schmerzen, sondern konnte auch zu Gleichgültigkeit, Willen- und Widerstandslosigkeit führen.

Willenlosigkeit

Halluzinationen

¶ Das stark halluzinogene Bilsenkraut dürfte das Hexenkraut schlechthin gewesen sein. Es erzeugte angeblich Erregungszustände, Sinnestäuschungen und Halluzinationen, die bis zu einem Gefühl des Fliegens reichten. Die Hexe Circe soll die Begleitmannschaft des Odysseus mit einem Getränk aus Bilsenkraut in Schweine verwandelt haben.

Bier

¶ Im Mittelalter kam man auf die Idee, die Rauschwirkung des Bilsenkrauts zu nutzen, indem man es dem Bier zusetzte. Mit dem Bayerischen Reinheitsgebot von 1516 wurde dies aber verboten. Manche Gemeindenamen erinnern noch heute daran, wie zum Beispiel Pilsen in Böhmen. ¶ Das Bilsenkraut wurde auch für Wetterzauber verwendet, vor allem, um Regen zu bewirken.

HYOSCYAMVS
FLAVVS.

Bilsam.

Gift

¶ Daß die Giftwirkung des Bilsenkrauts auch in mörderischer Absicht genutzt wurde, zeigt sich in SHAKESPEARES *Hamlet* (um 1601). Dort spricht der Geist des ermordeten Monarchen zu seinem Sohn Hamlet: *„... Da ich im Garten schlief, / Wie immer meine Sitte nachmittags, / Beschlich dein Oheim meine sich're Stunde / Mit Saft verfluchten Bilsenkrauts im Fläschchen / Und träufelt in den Eingang meines Ohrs / Das schwärende Getränk, wovon die Wirkung / So mit des Menschen Blut in Feindschaft steht / Daß es durch die natürlichen Kanäle / Des Körpers hurtig wie Quecksilber läuft."* / / / / /

Wer ein Huhn stehlen will, wirft ihm
ein paar Samen vom Bilsenkraut
hin, dann läßt es sich
leichter fan-
gen.

112

HYOSCYAMVS foliis amplexicaulibus. *Linn.* S. P. p. 179.
Ludw. D. G. P. 275.
- - - niger.
- - - *Offic.*

Boramez / Agnus scythicus

auch: Baranetz, Baromez, Skythisches Lamm, Tatarisches Lamm, Papayaschaf, Jeduah

In einer Reisebeschreibung aus dem 16. Jahrhundert berichtet J. C. SCALIGER, daß er *in der Tatarey, unweit Samara bey dem Wolga Fluße, ein besonderes Gewächs* gesehen habe: Es handle sich um die schafstragende Pflanze Boramez, auch Tatarisches Lamm genannt. Seiner Beschreibung nach wächst sie aus einem Kern, der dem der Melone gleiche. Die Frucht der Pflanze sei der Gestalt und der Beschaffenheit nach einem Lamm nicht unähnlich. Der Stiel wäre sozusagen die Nabelschnur. *Die krause Wolle aber, womit die Frucht überzogen ist, soll der Wolle eines neugebornen Lammes gleich kommen. Auch lasse sich das Fell wie die Schaffelle zubereiten und nutzen.* So sollen Kopfbedeckungen daraus gefertigt und kostbare Kleider damit verbrämt worden sein. ¶ Es wurde erzählt, daß die Schafspflanze abzusterben beginnt, sobald das Lamm alles Gras in seiner Reichweite abgefressen habe. *Wenn man in die Frucht schneidet, so fließe ein blutroter Saft heraus. Die Wölfe sollen auch der Frucht nachstellen.* ¶ Auch HANS JAKOB CHRISTOFFEL VON GRIMMELSHAUSEN erwähnt die Pflanze in seinem *Abentheuerlichen Simplicissimus Teutsch* (1667): *… Ich hatte selbst von dem lieblichen Wundergewächs Borametz in der Tartarei gessen, und wiewohl ich dasselbe mein Tage nicht gesehen, so konnte ich jedoch meinem Wirt von dessen anmutigem Geschmack dermaßen diskurrieren, daß ihm das Maul wässerig davon wurde; ich sagte, es hat ein Fleischlein wie ein Krebs, das hat ein Farb wie ein Rubin oder roter Pfirsich und einen Geruch, der sich beides den Melonen und Pomeranzen vergleicht. …* ¶ Spätere Naturwissenschaftler bezeichneten all diese Berichte als tartarische Märchen. Bei der Pflanze soll es sich entweder um eine Art Farnkraut, ein Moos oder schlicht um Baumwolle handeln.

Schafstragende Pflanze

Lammfell

Blut

Delikatesse

Das Blut der Schafspflanze schmeckt süß wie Honig.

Agnus Scythicus.

Arbor Anatifera
Entenbaum

Große Brennessel / Urtica dioica
auch: Donnernessel, Saunessel, Nettel

Die Brennessel kann über einen Meter hoch werden und blüht in herabhängenden Spindeln zwischen Juli und September. Man findet sie an Zäunen und Hecken, auf Brachflächen und an feuchten Waldstellen. ¶ Bekannt ist die Pflanze vor allem wegen der Brennwirkung ihrer unten mit Brennhaaren besetzten Blätter. Berührt man die Pflanze, so brechen die Haare ab, bohren sich in die Haut, und die darin befindliche ameisensäurehaltige Flüssigkeit tritt in die Haut ein, wo sie juckende Pusteln bildet. ¶ *Der Oberkommissär Pax war der gewandteste Agent der Residenz und ein seltener Glücksjäger in dem Gebiete der praktischen Polizei. … Wir haben davon sogleich einen Beweis in der Frage, die er an Frau Mullrich richtete: „Also die Maler-Guste ist ausgeflogen?" „Richtig! Haha! Die Maler-Guste! … Hier nannten sie die Leute ja nur die Brennessel, weil ihr Keiner zu nahe kommen durfte.*" KARL FERDINAND GUTZKOW, *Die Ritter vom Geiste* (1851) ¶ Bereits Plinius nannte die Brennessel wegen ihrer Brennwirkung *die am meisten verhaßte aller Pflanzen*, doch wußte er auch, daß sie — wie andere Pflanzen mit Stacheln oder Dornen — antidämonische Wirkung haben sollte. Vor allem, um das Vieh zu schützen und für Milchzauber, also Zauber, die den Milchfluß anregen sollten, wurde die Brennessel verwendet. An jedem Feld wurde eine Brennessel gepflanzt, um Ungeziefer fernzuhalten. Vielerorts wurden bei aufziehendem Gewitter Brennesselblätter ins Herdfeuer geworfen, damit der Blitz nicht einschlage. ¶ Schon seit der Antike galt die Brennessel zudem als Liebes- und Fruchtbarkeitsmittel. Vor allem den Samen wurde auf diesem Gebiet große Kraft zugesprochen. So sollte der Genuß von Brennesselsamen, gemischt mit Pfeffer, zum Beischlaf reizen. Die Samen streute man auch Hühnern und Gänsen ins Futter, damit sie viele Eier legen. /////////////

Brennwirkung

antidämonisch

Samen

Es stimmt nicht, daß Brennesseln nicht brennen, wenn man den Atem anhält.

Groß brennend Nessel. | Vrtica minor. Eyternessel. | Römisch Nessel. Welsch Nessel. C

Zum vierdten ist der Binßauge/ welcher bey den Griechen heißt γαλίοψις, vnd Plinio Vrtica labeo. Galiopsis. *Ital. Ortica fetida. Gall. Ortie morte. Hisp. Vrtica muerta.* Wirdt Binßauge genennt/ dieweil die Bynen die Blümlin/ welche zum theil weiß/ vnd zum theil braun/ vnd rot/ vnnd geel/ rings vmb den Stengel her wachsen/ suchen vnd daran saugen. Die Blümlin diser Nesseln nennet man Heubeln/ von der gestalt eines Heublins. D

Weiter seind die todte Nesseln vnd taub Nesseln/ Vrtica mortua Latinis.

Zuletzt ist auch ein wildes Geschlecht/ so man nennet Waldnessel. Seind alle wol zu kennen.

¶ Krafft vnd wirckung.

Nessel vnd jr Samen seind heyß im anfang deß ersten Grads/ vnd trucken im andern. Seind vielerley Art.

Der Samen ist bräuchlicher dann das Kraut/ Soll von den Welschen Nesseln eingesamlet werden/ so man in Gärten zielet.

Dieses Krauts Bletter vnd Samen braucht man in der Artzney/ das durchtringet von Natur die feuchtigkeit deß Menschen/ vnd sonderlich mit schwitzen.

Nesselnsamen ist gut fürn Stein/ sonderlich in Lenden.

Stein. Nesselnsamen gepülvert/ vnd getruncken mit Wein/ vertreibt den Stein in Lenden.

Nesseln mit Wein gesotten/ vnd darüber getruncken/ vertreibt den Husten.

Die Haut damit gewäschen/ heylet den bösen Grindt.

Den Samen gestossen/ gemischt mit Honig/ vnd also genützt mit Wein/ benimpt den alten Husten/ vnd raumet die Brust.

Die Wurtzel von grossen brennenden Nesseln mit Wein vnd Honig gesotten/ alle

Große Eberwurz / Carlina acaulis
auch: Silberdistel, Kraftwurz, Wetterdistel, Karlswurzel

Die Eberwurz hat Blütenköpfe, die einen Durchmesser von bis zu zehn Zentimetern erreichen. Die kurzen Stengel sind meist ganz im Gras versteckt. Die Blätter haben stachelige Spitzen. Man findet die Eberwurz an sonnigen Hängen und Weiden. In den Alpen kann sie noch in einer Höhe von über 2000 Metern wachsen. ¶ Seit jeher wurde die Eberwurz gesammelt, um ihren artischockenartigen Blütenboden zu verzehren. Er schmeckt nicht nur gut, sondern soll auch körperliche Stärke und männliche Potenz verleihen. Braucht man für ein Vorhaben viel Kraft, soll man eine Eberwurz in der Tasche tragen. So berichtet eine Sage von einem Mann, der mit ihrer Hilfe ein drei Zentner schweres Faß von einem Ort zum anderen trug. Vieh- und Pferdehändler gaben ihren Tieren Eberwurz zu fressen, damit sie beim Verkauf einen kräftigen Eindruck machten. ¶ Der Sage nach offenbarte ein Engel KARL DEM GROSSEN im Traum, daß die Eberwurz als Pestmittel helfe. Daher soll die Pflanze ihren Namen „Karlswurzel" führen. Wahrscheinlicher ist allerdings die Ableitung des Namens von *cardulina* („kleine Distel"). ¶ Den Namen „Wetterdistel" trägt die Pflanze, weil sich die silberweißen Hüllenblätter des Blütenstandes je nach Luftfeuchtigkeit öffnen oder schließen. Mit ihrer Hilfe ließen sich daher Wettervorhersagen treffen, was zu Beginn des 19. Jahrhunderts noch praktiziert wurde: *Nachdem Berthold und seine Frau angemeldet waren, traten sie in das Zimmer des alten Oheims. … der Alte brummte einige unverständliche Höflichkeiten, während Berthold und Anna mit Verwunderung das Zimmer überblickten. … an der Decke wankte ein großer Wermutbüschel mit den Fliegenleichen und eine Wetterdistel drehte sich, als ob sie ein nahes, böses Wetter verkündigte.* ACHIM VON ARNIM, *Die Kronenwächter* (1817)

Potenz

Pest

Wetter

Eberwurz hilft bei Hexenschuß.

CHAMAELEON
ALBVS.

Eberwurtz.

Blauer Eisenhut / Aconitum napellus

auch: Sturmhut, Blaumützen, Venuswägelchen, Wolfswurz, Eliaswägelchen, Teufelswurz

Der stark giftige Eisenhut mit seinen dunkelblauen, in dichter Traube stehenden Blüten kann bis zu einem Meter hoch werden. Man findet ihn wild in Gebirgsgegenden auf feuchten Weiden, an Bachufern bis in eine Höhe von 3000 Metern oder in Gärten als Zierpflanze gezogen. ¶ Der Name Eisenhut leitet sich von der helmartigen Blütenform ab. Nur den langrüsseligen Hummeln gelingt es, an den Nektar zu kommen. Die

Hummelblume

Eisenhutpflanzen sind daher typische Hummelblumen. ¶ Der Blaue Eisenhut gilt als die giftigste Pflanze der europäischen Flora. Aufgrund dieser Wirkung schrieb man ihm gelegentlich höllischen Ursprung zu: *Als der Höllenhund das Tageslicht erblickte, entsetzte er sich und fing an, den Geifer von sich zu speien; davon wuchs der giftige Eisenhut aus dem Boden hervor …* GUSTAV SCHWAB, *Sagen des klassischen Altertums* (1838—1840) ¶

Gift

Zahlreiche Giftmorde wurden mit seiner Hilfe verübt, wie zum Beispiel 54 n. Chr. der Mord am römischen Kaiser CLAUDIUS. Die Vogelfederspitze, mit der er sich nach einem opulenten Mahl den Schlund zu kitzeln pflegte, um erbrechen zu können, war mit Eisenhut präpariert. So verwundert es nicht, daß 117 n. Chr. der römische Kaiser TRAJAN den Anbau von Eisenhut verbieten ließ. Auch er fürchtete Intriganten, die sich des Giftes bedienen könnten. ¶ Reibt man sich Eisenhutsaft auf die Haut, tritt zuerst ein Jucken und Brennen auf, gefolgt von einem Taubheitsgefühl, das bis zu Lähmungserscheinungen gehen kann. Durch die

Halluzinationen

Nervenreizung kann es sogar zu Halluzinationen kommen, wie z.B. die Einbildung, man trage ein Feder- oder Fellkleid. ¶ In Asien wurde das Gift zur Abwehr von Tigern benutzt, in Europa, um Wölfe zu vergiften. Im Volk galt der Eisenhut als Mittel gegen jegliches Ungeziefer. Es genügte, eine Wurzel in der Tasche zu tragen.

Wer am Blauen Eisenhut riecht,
dem schwillt die
Nase an.

Die bereitung deß Puluers oder Antidoti dieser Beerlin wirdt also in dem Herbario Anglorum beschrieben: C

lotum ex Paridis.

Recip. Granorum Herbæ Paridis nu. 24. Foliorum eiusdem nu. 36. rad. Angelicæ sat. & syl. Vincetoxici, Valerianæ, Polypodij querni, rad. Vrticæ, rad. Altheæ, Cort. rad. Laureolæ siue Mezerei, ana drach. ij. Dieses alles in Essig gebeytzt/ vnd getrucknet/ darnach gepůluert/ Oder mit Honig zu einer Latwergen bereit. Sein gebrauch ist eines quintlins schwer.

Dieses Puluer wirdt von Moibano, Gesnero, vnd andern Medicis auch beschrieben/ vnd Antidotus Saxonica, das ist/ deß Hertzogs von Sachsen Puluer genennet/ vnd wie ein sonderlichs Secret wider Gifft vnd Pestilentz gerůhmet.

Wolffswurtz/ Aconitum Lycoctonum, vnd Blauw Eisenhůtlin/ Napellus. Cap. clxiij.

Wolffswurtz.

Blauw Eisenhůtlin.

D

Wolffswurtz/ Græcis, ἀκόνιτον λυκόκτονον, Aconitum Lycoctonum, das ist/ Wolffsgifft/ vñ Cynoctonum, das ist/ Hundsgifft oder Hundstod/ Item Faba alba, vnnd Luparia, also genandt/ dieweil die Wölff vnd Hund von diesem Gewächß sterben. *Ital. Herba luparia. Gall. Herbe de la volpe. Hispan. Terua del lebado.*

Das Kraut Wolffswurtz hat Bletter wie der Sanickel/ oder wie der gefüllte Hanenfuß/ von farben schwartzgrůn/ Die Wurtzel ist gantz schwartz/ mit vielen Zincklin/ als die Spargen oder als Christwurtz/ eines zimlichen feinen Geruchs/ Die Stengel/ deren

Fliegenpilz / Amanita muscaria var. muscaria / *auch: Hexenei, Mückenpfeffer, Rabenbrot, Fliegenteufel, Krötenstuhl, Narrenschwamm*

Den stark giftigen Fliegenpilz erkennt man an seinem leuchtend roten Hut mit weißen Flecken — Reste der weißen Hülle (des Velums), in der der Pilz in seiner Jugend steckt. Der Hut kann einen Durchmesser von bis zu 20 Zentimetern haben. Den Fliegenpilz findet man vor allem unter Fichten und Birken ab Juni bis in den Herbst hinein. ¶ Vermutlich trägt der Fliegenpilz seinen Namen, weil man mit ihm Fliegen bekämpfte. Konrad von Megenberg schrieb im Jahr 1350 darüber in seinem *Buch der Natur*: *Wenn man den zuo milch mischt, so toett er die mukken.* Der gezuckerte Pilz, in Milch eingelegt, lockt Fliegen an, die dann vom Gift betäubt werden und sich so leichter fangen lassen. ¶ Roh gegessen kann der Fliegenpilz halluzinogene Wirkung haben, die bis zu einer Ekstase mit farbenprächtigen Visionen reichen kann. Dies erklärt auch seine Verwendung in Hexensalben. ¶ Auch als Aphrodisiakum soll der Fliegenpilz eine Rolle gespielt haben. So sollen im Allgäu Frauen ihren liebesmüden Männern etwas vom Fliegenpilz ins Essen gegeben haben, um sie wieder munter zu machen. ¶ Im Gegensatz zu der Angst vor dem giftigen Pilz steht, daß er bis heute, neben dem Hufeisen und dem vierblättrigen Kleeblatt, zu den beliebtesten Glückssymbolen zählt. ////////////

Ekstase

Aphrodisiakum

Glück

Der Fliegenpilz ist die Lieblingsspeise der Rentiere.

7
8
17
20
13
15
9
11
2
3

Gewöhnlicher Frauenmantel / Alchemilla vulgaris / *auch: Marienmantel, Marienkraut, Alchemistenkraut, Sinau, Taubecher*

Den Frauenmantel mit seinen gesägten Blättern findet man zwischen Mai und August auf Wiesen und Waldrändern. Er blüht unscheinbar gelb-grün. ¶ In der Blattform des Frauenmantels sah man ein Abbild des Marienmantels. Traditionell galt die Pflanze daher in der Volksmedizin als Allheilmittel gegen alle Frauenleiden. Seine zusammenziehende und blutstillende Wirkung wurde besonders bei Beschwerden nach Fehlgeburten genutzt. Im *Kreuterbuch* von PIETRO ANDREA MATTIOLI aus dem Jahr 1611 findet man folgende Anwendung der Pflanze: *So die Weiber mit dem Kochwasser von diesem Kraut ihre Heimlichkeit waschen, drängt es dieselbe zusammen, als wären es Jungfrauen.* ¶ Bei zu hoher Luftfeuchtigkeit sondert die Pflanze an den Blatträndern Wasser aus, das dann in der Blattmitte zu einem Tropfen zusammenfließt. Diese scheinbaren Tautropfen wurden als die Tränen junger Engel gedeutet. Man sagte auch, daß sich die „Holzweibchen“, kleine Waldgeister, mit dem Tau waschen würden. ¶ *Manch Elfchen gegen Morgen kommt, / Das dürstet, dem zu trinken frommt, / Schöpft aus dem Schüsselchen und spricht: / „Ein bess'res Labsal gibt es nicht“.* JOHANNES TROJAN (1837—1915) ¶ Alchimisten sammelten den schimmernden Tau und hofften, daraus Gold machen zu können. / / / / / / / / / / / / /

gegen Frauenleiden

Waldgeister

Alchimisten

Mit dem Tau des Frauenmantels lassen sich Sommersprossen abwaschen.

ij ¶ Diß kraut heysset nach einem mei-
ster appolonius/ vnd diser meister gab
diß kraut dem grossen meister/ plato/
sich damit zů artzen/ vnd die gifft von
im zůtreiben. Item welcher ein spinnē
gessen het/ der sol diß krut nützē grien
mit saltz/ vnd gesotten mit gůtē wein/
das gifft zergat on schaden.

iij ¶ Item welcher gestochen wer von ei-
nem vergifftigen thier/ der mach dauō
ein pflaster vñ lege es daruff/ es hilfft
Diß kraut hat breyt bletter gleich vn-
gula cabalina/ vnd lange stengel mit
geelen blůmen.

Sinnaw.

Das .xxxij. Capitel.

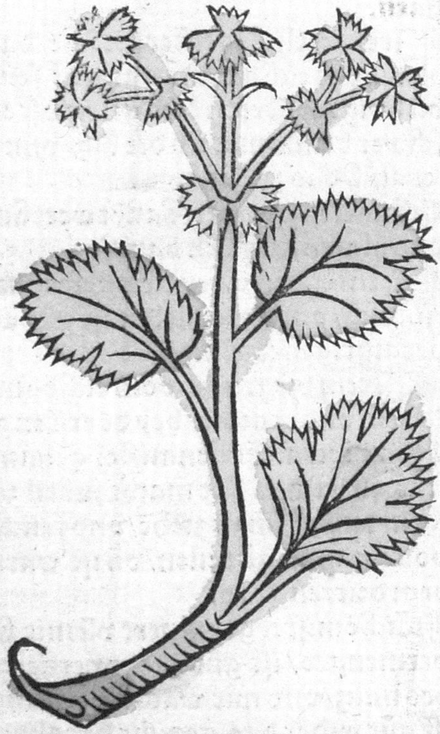

ALchimilla/ Artincilla/ Lenco
pedion grece/ Latine Pes leo-
nis/ siue planta leonis. Der
meister Platearius spricht/ das synau
we sey heiß vñ drucken an dem andern
grad. Diß krut weret ein gantz jar vn-
uerseret in seiner natur/ vnnd ist doch
frisch besser genützt dañ dürr.

¶ plinius/ Nim Sinawe/ Sanickel j
vnd heydnisch wund kraut/ yegklichs
ein handtfol/ vnnd siede die in regen-
wasser/ darnach nim der langen regen
würm vnd zerstoß die/ vnnd druck die
feüchtung durch ein tůch/ vnd mische
die vnder das gesotten wasser. Diß ge
truncken/ stillet alle blůtende wunden
an dem leib wie sie sein mögē/ vnd lege
diß kraut außwendig vff die wunnde/
das heilet sie. ij

¶ Der safft von Synaw drey mor-
gen nůchtern getruncken/ ist gůt epilē
ticis/ das ist/ denē die die fallend sucht
haben/ darnach laß ein ader schlagen
vff der lincken handt zwischen dem zei
ger vnd dem daumen/ du genysest on
zweifel zů handt iij

¶ Wer ein verwundten magen oder
brust hette der trinck von synauwe vñ
sanickel/ er genyset. iiij

¶ Synauw gestossen vñ die grüse ge-
strichen durch ein tůch/ vnd vnder die
gemischet Hartenauwe/ oder schar-
lach gepulueret/ vnd das getruncken/
benimpt colicam passionē/ das ist ein
kranckheit in des menschen leib/ heißt
die dermgesücht/ vñ also genützt/ ver-
treibts alles wůtende geblůte im leib. v

¶ Itē der meister Diascorides spricht
Nim Sinauw/ Fenchelkraut/ Sal-
bey/ Petersilien kraut/ jegklichs ein gů
te hande foll/ vnnd mische darunder
Enyß/ Fenchelsamen/ Ysop/ Alent-
wurtz/ yeglich zwey lot/ vnd siede das
in zwey pfunt wassers/ biß das dritte
teyl yngeseüd/ vñ trinck dises trancks
es vertreibt alles geliffert blůte/ vnnd
treibet das auß durch den harn vnnd
stůlgang.

Eichbaum.

Gallapfel / Gallae / *auch: Eichapfel, Galla, Eichgalle*

Die runden, im Durchmesser bis zu zwei Zentimeter großen Galläpfel kann man im Herbst an der Unterseite von Eichenblättern finden. Es sind Wucherungen, die durch eine Abwehrreaktion der Eiche entstehen, wenn die Gallwespe mit ihrem Legestachel Eier in eine Blattader oder in junge Blattknospen legt. Die Galläpfel sind Schutzhüllen für die heranwachsenden Wespenlarven. ¶ Galläpfel sind geruchlos und schmecken

Tinte

wegen der enthaltenen Gerbsäure intensiv zusammenziehend. Verbindet man den Absud gemahlener Galläpfel mit Eisensulfat, entsteht die berühmte schwarze Eisengallustinte, die heute noch bei der Unterzeich-

Färben

nung wichtiger Staatsverträge verwendet wird. ¶ Galläpfelabsud wurde auch zum Schwarz-, Braun- und Graufärben von Wolle verwendet. In

Gerben

erster Linie aber diente der Gerbstoff zum Gerben von Leder. ¶ Die berühmtesten und teuersten Galläpfel sind die aus der Türkei stammenden „Aleppogallen“, die bis zu 70 Prozent Gerbstoff enthalten. ¶ *Ich geh nach Haus, such's ganze Haus aus — find nichts. Endlich kommt mir der Gedanke, schau auf den Treitboden hinauf. Hörst, ist dir der ganze Boden voll, und mit was? Mit lauter Galläpfel. Jetzt gschieht mir recht, denk ich mir, was kann man vom Neid anders erwarten als Gall und Verdruß, komm in Zorn und beiß einen auf. Was ist drinn? Ein Dukaten! Ich nimm noch einen — noch einen — lauter Dukaten! Lenzl, jetzt hättest du die Beißerei sehen sollen. Ich kann sagen, ich hab mir mein Vermögen bitter erworben. Vierzehn Tag nichts als Galläpfel aufreißen, das wird doch eine hantige Arbeit sein. Mordsakerlot.* FERDINAND RAIMUND, *Das Mädchen aus der Feenwelt oder Der Bauer als Millionär* (1826) ¶ Von Bauern wurden Galläpfel als Orakel verwendet. Im Januar öffnete man einen Gallapfel. Fand man darin ein Würmchen, hatte man ein gutes Jahr zu erwarten. Eine Fliege deutete auf ein mittelmäßiges, eine Spinne auf ein schlechtes Jahr hin, berichtet ANTON BIRLINGER in seinem Werk *Aus Schwaben* von 1874. ¶ Einem Aberglauben zufolge soll-

Unglück

ten Galläpfel Unglück bringen. Auch sollte der Teufel in ihnen sitzen. So war es ratsam, keine Galläpfel mit ins Haus zu bringen, da sonst die Hühner keine Eier, sondern Galläpfel legen würden.

Weil die Wespe keinen Honig erzeugen kann, macht sie Galläpfel.

a. *Quercus gallifera, Galles,* Hag-Eiche.
Quercus excrementa, Gallarum Species et Gallæ angulosæ, Noix des Galles,
Galläpffel, und Knöppern.

Gänseblümchen / Bellis perennis

auch: Maßliebchen, Marienblümchen, Tausendschön, Zeitlose, Sternblume

Das Gänseblümchen findet man von März bis November, bei milder Witterung sogar in den Wintermonaten fast überall. ¶ Wie vielen

Heilkraft

anderen bereits früh im Jahr blühenden Blumen sagt man auch dem Gänseblümchen besondere Heilkraft nach. So soll man die ersten drei Blümchen, die man sieht, essen, und man wird das ganze Jahr über nicht durstig werden. Allerdings soll man Gänseblümchen nicht vor Ostern pflücken, sonst legen die Gänse keine Eier mehr. Gänseblümchenwasser soll dem Gesicht und der Nase die Röte nehmen. ¶ Am bekanntesten

Liebesorakel

aber dürfte das Liebesorakel mit Hilfe von Gänseblümchen oder Margariten sein. Die Blütenblätter werden einzeln ausgezupft, abwechselnd von den Worten „Er/Sie liebt mich" und „Er/Sie liebt mich nicht" begleitet, in der Hoffnung, am Ende das gewünschte Ergebnis zu erhalten: Margarete: … *(Sie pflückt eine Sternblume und zupft die Blätter ab, eins nach dem andern.)* Faust: *Was soll das?* … Margarete: … *es soll nur ein Spiel. (halblaut)* … *Er liebt mich — liebt mich nicht.* … *Liebt mich — nicht — liebt mich — nicht — (Das letzte Blatt ausrupfend, mit holder Freude.) Er liebt mich!* JOHANN WOLFGANG VON GOETHE, *Faust* 1. Teil (1808) /

Einer Legende nach entstand das Gänseblümchen aus einer Träne der heiligen Maria, die sie auf der Flucht nach Ägypten vergoß.

A I

BELLIS MINOR

Genßblům.

Echte Hauswurz / Sempervivum tectorum / *auch: Dachwurz, Donnerbart, Hauslaub, Wetterwurz, Jupiterbart*

Die Hauswurz besitzt viele dickfleischige, saftige Blätter, die zusammen eine Rosette bilden. Aus ihr wächst ein mit Blättern besetzter Blütenstiel, der bis zu 40 Zentimeter hoch werden kann. Zur Blüte kommt die Hauswurz erst nach mehreren Jahren. Sie blüht dann rosarot zwischen Juni und August. Danach stirbt die Rosette ab. Früher fand man die Hauswurz häufig auf Dächern und an Mauern, wo sie ohne jede Pflege gedeihen kann. Heute wird sie als Zierpflanze im Garten kultiviert. ¶

Schutz vor Blitzschlag

Überall in Deutschland war der Glaube verbreitet, daß die auf das Dach gepflanzte Hauswurz vor Blitzschlag und Feuer schützt. So erkannte man in Galizien die Häuser deutschstämmiger Siedler an der Hauswurz auf dem Dach. Schon 812 ordnete Karl der Grosse in seiner Landgüterverordnung *Capitulare des villis* an, daß der Jupiterbart auf dem Dach aller gepachteten kaiserlichen Hofgüter angepflanzt werden muß. Vielerorts glaubte man, daß es ein Unglück nach sich ziehen würde, wenn man die Hauswurz vom Dach entfernt. So beschreibt es auch noch Ida Bindschedler in *Die Turnachkinder im Sommer* von 1906: *An der andern Seite des Kamins lag auf den alten, moosbewachsenen Ziegeln die Hauswurz. ... Dieser Teppich oder Pelz von Blätterrosen wurzelte nicht fest; man konnte ihn herumtragen und bald auf diese, bald auf jene Seite des Daches legen. Einmal hatten die Kinder die Hauswurz herunternehmen wollen; aber da war Frau Völkleins Grite gerade dazugekommen. „Daß ihr auf der Stelle die Hauswurz wieder hinlegt!" hatte sie gesagt und ein ziemlich böses Gesicht gemacht. „Sie bringt dem Hause Glück; wenn man sie fortträgt, geschieht etwas Schlimmes!"*

Liebestrank

¶ Hildegard von Bingen warnte vor einem Liebestrank aus dem Saft der Hauswurz, der die Begierde bei Mann und Frau entbrennen lasse. Mit dem Saft der Hauswurzblätter wurden auch Hautkrankheiten wie trockene Ekzeme behandelt. Auch gegen Warzen sollte dieser Saft helfen.

Wer Hauswurz auf dem Dach hat, bekommt keine rissigen Hände.

cken zů dem tag drey lot/ ist gůt wider das tropffen des harns. Q Das wasser ist gůt für schwere/grausame/vñ forchtsame treüm/die offt von boßheit des miltz kummen/ offt vnnd dick getruncken yedes mal zwey lot. R Das wasser getrunckē morgens vnd abēts drey lot/ ist gůt fur die gilb Ictericia genant.

empfahe das ander wasser das ist geb[...] behalt. G Vñ wañ ein mensch die pe[sti]lentz an kūpt/ so nim des wassers zwey [lot] Alcopaticum/ roten mirzen/ Orientis[chen] saffron/ yedes xx. gerstē körner schwer [...] ein blat pur Goldt von eim goldtschlage[r] reib es durch einander/ vnd thů es in das wasser/ vnd gib es jm zů trincken/ das ist gůt für die pestilentz/ vñ für and[er] gebrech[en].

Von Honig

Honig wasser in latein Mel genāt des geschlechts ist viererley/ als Honig von den Hurnisseln/ Bremen vnd Jmen/ vnd der best Honig ist vō den Jmen der da weiss ist/ vnd die Jmen weyt wonē sein vō dem mör oder vnreinen stetten/ vñ so man in distilieren will/ so soll er gemischt werden vnder reinem weiss geweschnē sandt/ der wid gedörrt ist wie ein bry/ er stig sunst nitt für sich selb vff/ vnd würt trüb vñ vnlauter/ vnnd das feür soll von ersten gar milt sein. A Mit dem wasser sol mā dz haubt offt mitt weschen vnd reiben/ macht lang hübsch har/ wañ es ist erfaren vnd bewert B Das wasser in die augen gethon/ ist gůt. C Das wasser vertreibt auch die fel in den augen. D Das wasser heylet die wüsten vnreinen wunden vnd alte schädē damit geweschen allē tag ein mal od' zwey E Das wasser macht das fleisch darin wachsen/ damit offt geweschen/ vnd tücher darin genetzt vnd darüber gelegt. F Das wasser heylt allen brandt/ tücher darinn genetzt vnd darüber gelegt.

Hie will ich dir ander leer gebē zů distilieren/ Nim Honig als vil als du wilt/ thů den in ein kolben glaß/ verstopff jn wol setz jn viertzehen tag jn ein rosmist oder lenger/ doch das der mist all woch ein mal erneüwert werd/ dann stelle den kolben in äschen in ein windtöfflin/ vnd distilier das per Alembicum/ vñ wañ das tropffen wil so zeühe das feür ein teil darauß/ vnd laß es sanfft an gon/ so sychstu dz das erst wasser luter ist/ das thůn hinweg/ darnach so

Hausszwurtz

Haußwurtz wasser/ das kraut von den Lateinischen vñ kriechē Barba iouis/ vñ in teütsch hußwurtz oder dunderbar/ darumb das es gepflātzt wirt vff dē heüsern/ für den dunder/ ist vilen wol bekant.

Das best teyl senier distilierung ist das kraut klein gehackt vnd gebrandt am end des meyen. A Haußwurtz wasser lesch et alle hitz an allen endē vnd glidern/ dañ es kelt/ ein tůch darinnē genetzt/ vnnd also darüber gelegt/ vnnd ist gleich in kelten dem mur

Herbstzeitlose / Colchicum autumnale / *auch: Michaeliblume, Spinnblume, Ziegentod, Nackte Jungfer, Nackte Hure, Teufelsbrot etc.* —

(bekannt sind über 500 Namen für die Pflanze)

Die sehr giftige Herbstzeitlose findet man von Ende August bis Oktober hellviolett blühend auf fast allen Wiesen. Bei den Bauern ist die Pflanze wegen ihrer Giftigkeit und weiten Verbreitung äußerst unbeliebt. ¶ Die Tatsache, daß bei der Herbstzeitlosen die Blüten vor den Blättern aus der Erde kommen, hat seit jeher die Phantasie angeregt. Aus diesem Grund wurde sie in manchen Gegenden auch *Filius ante patrem* („Sohn vor dem Vater") oder „Nackte Jungfrau" genannt. Weil sie ihre Blöße nicht mit Blättern bedeckt, wurde die Herbstzeitlose daher zum Symbol für die

Unkeuschheit

Unkeuschheit. Die im Frühling welken Kapselfrüchte enthalten den winzigen Samen, auch „Hexenfurz" genannt. ¶ *Seid ruhig meine Freunde! / Wir sind wie die Herbstzeitlose, / welche erst nach dem Winter Samen trägt.* Georg Büchner, *Dantons Tod* (1835) ¶ Die Herbstzeitlose soll gegen alle Unannehmlichkeiten des Winters helfen: Aus den Staubgefäßen und

Salbe

dem Stempel wurde mit Fett eine Salbe gegen aufgesprungene Hände und Frostbeulen hergestellt. Frauen und Mädchen zerrieben die erste gefundene Herbstzeitlose zwischen den Händen, damit sie beim win-

gegen Läuse

terlichen Spinnen nicht wund wurden. Als Kraut gegen Läuse war sie ebenfalls gut. ¶ Zudem diente sie den Bauern zur Wetterprognose: Wenn die Herbstzeitlosen schon früh im Sommer blühen, ist ein sehr kalter Winter zu erwarten.

Herbstzeitlose in den Socken verhindern Hühneraugen.

A. Mit viel weissen Blumen.
B. Leibfarb gemein Blumen.
C. Leibfarb besondere Blumen.

phemerum lethale cum flore.
A. Polianthon candido flore.
B. Flos purpurascens vulgaris.
C. Flos peculiaris.

loß
ling
II. Bl
zeit
III. S

D

* Auch ist wol zu verwundern/ daß (wie der h

Holunder / Sambucus nigra
auch: Holder, Holler, Alhorn, Ellhorn

Den Holunderstrauch findet man an Häusern, in Gärten und an Zäunen, wo er ohne jede Pflege gedeiht. Seltener wächst er an Waldrändern, wo er auf frühere Siedlungen hinweisen kann. Zur Zeit der Sommersonnenwende steht er meist in voller Blüte. ¶ Der Holunder gehört sicherlich zu den volkstümlichsten Pflanzen überhaupt und diente den Menschen früher als vollständige Hausapotheke. Blüten, Früchte, Blätter, Mark, Rinde, Holz und Wurzeln ließen sich gegen Hunderte von Leiden als Heilmittel verwenden. ¶ So ist es nicht verwunderlich, daß der Holunderstrauch allergrößte Hochachtung genoß und es Unglück, ja sogar den Tod bringen sollte, wenn man ihn fällte. Wurde es nötig, seine Äste zu stutzen, dann bat man den Strauch zuvor mit gebeugtem Knie um Verzeihung. Selbst das Verbrennen seines Holzes sollte ein Unglück zur Folge haben. ¶ Als Schutzbaum des Hauses sprach man dem Holunder zauberabwehrende Kraft zu. Neben der Stalltür gepflanzt, sollte er bösen Zauber vom Vieh fernhalten. Aus demselben Grund wurde auch häufig der Riegel der Stalltür aus Holunderholz hergestellt. In der Nähe von Haus und Hof gepflanzt, erfüllte der Holunder zudem einen weiteren Zweck: Er sollte nämlich vor Blitzschlag schützen. Um Maulwürfe und Feldmäuse zu vertreiben, steckte man seine Zweige in den Boden. ¶ Ganz besondere Heilkraft wurde dem Holunder zugeschrieben, wenn er als sogenannte Aufsitzerpflanze (*Epiphyt*) nicht auf dem Boden, sondern auf den Ästen einer Weide gewachsen war. Ein solcher Holunder sollte sogar die dämonische Epilepsie heilen können. ////

Hausapotheke

Hochachtung

Schutzbaum des Hauses

gen menschen vff sechs odder siben lot geben / vnd dann die mittel rinde von Attich wurtzel so gros als ein haselnuss gessen / so witt er harnen / eyne oder zwo massen an einander / das thu also dick biß du sein geniesest.

Mittel Holderrind.

Holder wasser von mittel rinden / von den Latinischen Cortices medii Sambucci genant / Die beste zeyt seiner distilierung ist / daß du schelest die öberste grawfarbe rinden von den Holder schüssen oben ab / vñ darnach die andern grünen rinden distilier per alembicum in balneo marie / im anfang des Meyen. A Holder rinden marck wasser sonder gebrant / vñ drey lot getruncken / ist gut für die wassersucht. B Das wasser nüchtern getruncken vff sechs lot / machet von stunden an zu stülgen on schaden / vnd wollustiglich.

Holder bletter.

Holder bletter ist ein staud / nit ein kraut / von den Griechen Lencoya genant / vñ in Latinischer zungen Sambucus / welchs gestalt dreyer handt ist / als Sambucus / Ebulus / vnd Sambucus Rubeus / wiewol etlich Doctores schreiben von Sambuco Agresti oder sylvestri / ist gantz vnbekant. Aber Sambucus ist ein hohe staud / vnnd Ebulus das kraut Attich oder nider Holder / darumb ist diser Latinisch verß gemachet / Sambucus est altus / sed Ebulus est bene saltus. Darumb Holder ist hoher geburt / Attich aber nider wurt. Die beste zu distilieren / die fordern gipffel / dolden vnd bletter mit einander gehackt / vnd gebrant mitten im Meien. A Holderbletter wasser ist gut zu heyssen beinen / vnnd faulen brüchen / offt damit geweschen / vñ von yhm selber lassen truckē werden. Mir ist offt fürgehalten / daß er kalt vñ truckē sey / darumb er külen soll / Widderwertig ist sein natur / dañ er ist heyß vnd trucken / resoluirt vnd mitigirt / des halb entbindet er einem schmertzen / so wenen sie / er küle.

Holderblut wasser

inn Latin Flores Sambuci genant / Die beste zeyt seiner distilierung ist / so die blüt am volkommensten ist / dann von den drappen abgestreyfft vñ gebrant. A Holder blüt wasser morgens vnnd abends getruncken / yhe vff eyn mal zwey lot / weichet die brust. B Das wasser in vorgemelter massen getruncken morgens vnnd abends / vñ damit geriben ist gut für geschwulst. C Das wasser leschet vnd resoluiret die hitze inn dē augen / zu welcher zeyt man es dareyn thut. D Das wasser morgens vnnd abends yedes mal vier lot getruncken / ist gut für die wassersucht. E Das wasser hitzet vnd trücknet / darumb ist es gut zu alten scheden / die kalt sind / offt damit geweschen / heylet sie. F Das wasser getrunckē / weret dem vßsatz. G Das wasser ist gut für das zittern der hende / morgens vñ abends mit bestrichen / vnnd von yhm selber lassen trucken

Baum des Todes ¶ Der Holunder war aber nicht nur ein Lebensbaum, sondern auch ein Baum des Todes: Mit einem Holderstock wurde das Maß für den Sarg genommen; Holunderzweige wurden auf den Toten gelegt, und zur Totenwache wurde Holunderblütentee getrunken. Der Verräter Judas hat sich einer christlichen Sage nach an einem Holunderstrauch erhängt. Eine andere Sage berichtet, die Muttergottes habe die Windeln des Jesuskindes an einem Holunder aufgehängt und getrocknet. In der Zwiespältigkeit der beiden Sagen werden die unterschiedlichen Vorstellungen deutlich, die sich mit dem Holunder als Heilsbaum einerseits und als Todesbaum andererseits verbanden. ///////////////////////////////////////

Judas

Wer im Schatten des Holunders
schläft, ist vor Schlangen
und Mücken
sicher.

SAMBVCVS

Holder.

Echtes Johanniskraut / Hypericum perforatum / *auch: Hartheu, Jageteufel, Teufelsflucht, Elfenblut, Jesuwundenkraut, Tüpfelkraut*

Das Echte Johanniskraut hat ovale, punktierte Blätter und blüht in gelben Trugdolden zwischen Juni und September. Es ist häufig an Weg- und Waldrändern zu finden. ¶ Wohl keiner anderen Pflanze wurden so starke teufelabwehrende Kräfte zugesprochen wie dem um Johanni (24. Juni) blühenden Johanniskraut. Hält man ein Johanniskrautblatt ins Gegenlicht, sind die kleinen, mit Öl gefüllten Drüsenzellen zu erkennen. Diese soll der Teufel aus Wut über die Kraft der Pflanze in ihre Blätter gestochen haben, um sie zu vernichten. Als er aber erfolglos blieb, floh er vor der Pflanze — fortan half diese also, den Teufel zu vertreiben. ¶ Wegen seiner strahlenförmigen gelben Blüten glaubte man auch, das Johanniskraut sei mit den Kräften des Himmels besonders verbunden. Der beim Zerreiben der Blüten hervortretende Saft wurde als Blut Johannes' des Täufers gedeutet. Einer anderen Legende nach stand die Pflanze unter dem Kreuz Christi, und jede Blüte fing einen Tropfen seines Blutes auf. ¶ Am wirkungsvollsten ist das Johanniskraut angeblich, wenn man es in der Johannisnacht pflückt. Über Türen oder Fenstern aufgehängt, soll es allen bösen Zauber fernhalten. Aus demselben Grund gab es den Brauch, in das erste Bad eines Kindes ein paar Tropfen Johanniskrautöl zu geben. Neben bösen Geistern soll das Johanniskraut auch Ratten und Mäuse abwehren und vor Gewitter und Hagel schützen. ¶ Um Bettnässen vorzubeugen, wurde das Kraut unter das Leintuch ins Kinderbett gelegt. In der Volksmedizin wurde es außerdem gegen Stich- und sonstige Wunden verwendet. //

teufelabwehrend

Blut des Johannes

Ratten und Mäuse

Bettnässen

Johanniskrauttee hilft, wenn man aus Liebeskummer nicht einschlafen kann.

HYPERICVM floribus trigynis, caule ancipiti, foliis obtusis pellucido punctatis. *Linn.* P. P. 785.
Ludw. D. G. P. 610.
- - - perforatum,
- - - officin.

Judasohr / Auricularia auricula-judae
auch: Holunderschwamm, Holzohr, Wolkenohr

Das Judasohr ist ein Pilz, der als Parasit vor allem an Holunderstämmen, seltener an Ulmen wächst. Man kann ihn das ganze Jahr über finden. Er erreicht einen Durchmesser von bis zu zehn Zentimetern. ¶

Jesusverräter

Weil sich der Sage nach der Jesusverräter Judas an einem Holunderstrauch erhängt haben soll, bekam der an seinem Stamm wachsende Pilz mit seinem für viele abstoßenden Aussehen den Namen „Judasohr". Bei Trockenheit schrumpft sein Fruchtkörper zu einem sehr harten Klumpen zusammen. Sobald er aber wieder mit Feuchtigkeit in Berührung kommt, quillt er zu seiner alten Größe auf. Auch Frost kann ihm nichts anhaben. ¶ Adam Lonitzer schreibt in seinem *Kreuterbuch* von 1573: *Hollunderschwämme löschen und trucken nieder allerlei Hitz und Geschwulst.* Dazu müsse man sie zuvor in Rosenwasser oder in Wein legen. Außerdem soll er als

Cholesterinspiegel

Speisepilz

Mittel zur Senkung des Cholesterinspiegels dienen. ¶ Heute wird der Holunderschwamm als Speisepilz verwendet, der allerdings so gut wie geruch- und geschmacklos ist. Man kann ihn getrocknet kaufen und weicht ihn bei Bedarf in Wasser ein. In der chinesischen Küche ist er unter dem Namen Mu-Err („Holzohr") bekannt. ///////////////////////////////

Wenn dein Auge tränt, leg einen Holunderschwamm darauf.

Keulenbärlapp / Lycopodium clavatum / *auch: Schlangenmoos, Krähenfuß, Drudenfuß, Drachenschwanz, Hexenmehl, Blitzpulver, Unruhe, Nichtvater*

Die Bärlappgewächse sind blütenlose, immergrüne Pflanzen, deren dicht mit kleinen Blättchen besetzte Sprossen verzweigt wachsen und bis zu vier Meter lang werden können. Die gegabelten Ähren des Keulenbärlapps enthalten die Sporen, die im Hochsommer in gelben Wolken ausgestoßen werden. Man findet die Pflanze in Nadelwäldern, auf Lichtungen und Heiden auf nicht zu feuchtem, kargem Boden. ¶ Die vielen volkstümlichen Namen zeigen, daß der Keulenbärlapp den Menschen nicht unbekannt war. Allerdings wurde er lange zu den Moosen gezählt. Wie das Widertonmoos wurde er als Mittel zur Abwehr von Hexerei

gegen Hexen

verwendet. Hirten trugen Bärlapp am Hut, um ihre Herde vor bösem Zauber zu schützen. Bärlappkränze wurden in Sessel und Sofas gestopft, um zu verhindern, daß sich böse Geister ins Haus einschlichen. Ungetauften Kindern wurde zu ihrem Schutz ein Bärlappsproß unter die Zunge gelegt. ¶ Bei der Sonnwendfeier warf man die grünen Wedel auch ins Feuer, um sich vor zukünftigem Bösen zu schützen. Dabei explodierte

Sporenstaub

Fotografie

der gelbe Sporenstaub mit hellen Blitzen. Dieses „Hexenmehl" wurde später auch als Blitzpulver in der Fotografie oder von Feuerschluckern auf Jahrmärkten verwendet. ¶ … *Wir setzten uns auf das Vordach, um die nun beginnende Höhenbeleuchtung von diesem allerbesten Punkte aus zu genießen. Sie geschah unter einem allgemeinen Feuerwerke, an dem sich Jedermann nach Kräften beteiligte. Der Kurde liebt es ebenso wie der Perser, bei derartigen Veranlassungen, Pulver und Bärlapp nicht zu schonen.* … Karl May, *Im Reich des Silbernen Löwen* (1898)

Wer angeklagt vor Gericht steht, sollte einen Bärlappsproß in der Tasche tragen. Dann kann er mit einem günstigen Urteilsspruch rechnen.

Muscus terrestris Lycopodium.

1. 2. Planze
3. 4. Frucht
5. Saame

Druten-Fuß.

Geflecktes Knabenkraut / Orchis maculata / *auch: Unserer Lieben Frau Hände, Muttergotteshand, Gotteshand, Johannishändlein, Satansfinger*

Die Knabenkräuter mit ihren zahlreichen Arten gehören zu den Orchideengewächsen. Die meist rosa- bis hellvioletten Blüten stehen in dichten Ähren. Man findet sie im Frühling auf eher feuchten Wiesen. ¶ In der handförmig zerteilten Wurzelknolle des Gefleckten Knabenkrauts wollte man eine Ähnlichkeit mit den weiblichen Genitalien erkennen. In seinem Kräuterbuch von 1534 schreibt OTTO BRUNFELS: *Sie hat … einen unzüchtigen Anblick, der Weiber Heymlichkeit gleich.* ¶ An Johanni ausgegrabene Knollen sollen für Liebeszauber besonders wirkungsvoll sein, da sie an diesem Tag angeblich fünf statt nur vier Finger tragen. Diese „Glückshändchen" bringen nicht nur Glück in der Liebe, sondern auch in finanziellen Angelegenheiten. //

weibliche Genitalien

Liebeszauber

Glückshändchen

Die braunen Flecken auf den Blättern
des Gefleckten Knabenkrauts
sind Blutstropfen Christi,
die vom Kreuz herab
auf die Pflanze
fielen.

Contrafayt

Knaben kraut

weiblin.

Kleines Knabenkraut / Orchis morio

auch: Teufelsarsch, Geilwurz, Kuckuck, Bockwürze, Bockshödlein

Beim Ausgraben der Pflanze kommt eine hodenförmige, weiße Wurzelknolle zum Vorschein, die wegen ihres Aussehens seit jeher als Aphrodisiakum benutzt wurde. Hinzu kommt ihr bockartiger
bockartiger Geruch Geruch, den man als Bestätigung ihrer luststeigernden Wirkung sah. Seit der Antike findet man Beschreibungen, daß der Genuß des einen Teils der
Potenz Knolle potenzsteigernd wirke, während der andere Teil *untüchtig* mache. ¶ Noch heute wird auf dem Bazar in Istanbul Wurzelknollenmehl vom Knabenkraut als Aphrodisiakum verkauft. ¶ *Knabenkraut, dein Leib ist stark und dein Stengel knarrt wie der Stiefel eines Kürassiers, du bist heldisch, purpurn, aber wenn man dich ausreißt, bist du unten ungewöhnlich bleich …*

JAKUB DEML, *Meine Freunde* (1913)

Ißt eine Schwangere die Knolle vom Bockshödlein, wird sie einen Knaben gebären.

Knaben kraut männlin.

Großblütige Königskerze / Verbascum densiflorum / *auch: Himmelbrand, Wollblume, Fackelkraut, Marienkerze, Unholdenkerze, Wetterkerze*

Die stattliche Königskerze findet man häufig an stark besonnten, steinigen, unbebauten Orten wie Bahndämmen, Schuttplätzen oder an Wegrändern. ¶ Unter anderem wegen ihrer großen gelben Blüte und der

Sonnenwende

Blütezeit im Hochsommer spielte die Königskerze im Sonnwendkult eine große Rolle. So liefen in Frankreich die jungen Leute mit den in Öl getränkten Stielen des „Fackelkrauts" in der Nacht vor Johanni (24. Juni) durch die Dunkelheit. ¶ Wie andere gelbblühende „Johannikräuter", zum

Gewitter

Beispiel Arnika, wird auch die „Wetterkerze" mit Gewitter in Verbindung gebracht. Eine geweihte Königskerze soll demnach den Blitz abhalten. Aus der Anordnung der Blüten kann man außerdem vorhersagen, wie der Winter werden wird: Stehen die Blüten tief am Stengel, so ist ein früher und harter Winter zu erwarten. ¶ Der Name „Unholdenkerze"

böser Zauber

weist darauf hin, daß die Königskerze vor bösem Zauber schützen soll. ¶ Auch einige ganz praktische Verwendungsweisen kannte man für die

Haarfärbemittel

Pflanze: Man nutzte sie als Haarfärbemittel und stellte Lampendochte

gegen Mäuse

aus ihr her. Außerdem legte man sie ins geerntete Korn, um es vor Mäusen zu schützen. ¶ Ihre vielfältigen Verwendungsweisen machten sie vor allem beim Landvolk außerordentlich beliebt: *Königskerze, Fürstin, das Volk ist dir dankbar, daß du wieder deinen Landsitz bezogen hast.* Jakub Deml

Wer viele Fische fangen will, sollte vorher
den Samen der Königskerze
in das Gewässer streuen,
in dem er angeln
wird.

C

4. Wild Wullkraut/Groß.

3. Schwartz Wullkraut.

D

Wullkraut/heißt auch Kertzenkraut/Unholdenkertz/Himmelbrandt/Brennkraut/ Königskertzen/ Feldtkertzen. Græcis φλόμος. Latinis Verbascum, Officinis Tapsus barbatus. Item Candelaria, Candela Regis, Lanaria. *Ital. Tasso barbasso. Gall. Boillon. Hispan. Verbasco.*

Seiner Geschlecht seind viel/doch seind zwey fürnembste/Das weiß vñ das schwartz. Deß weissen sind widerumb zwey Geschlechte/ nemlich das Weiblin vnd das Männlin.

Das weiß Wullkraut Weiblin hat breyte Bletter/wie der Cappes/doch viel rauher/ vnd weiß wollecht/ die Blum ist bleychgeel/ der Samen schwartz/ die Wurtzel lang/ scharpff/eins Fingers dick.

2. Das Männlin ist dem jetztgemeldten fast gleich/hat aber schmäler Bletter/ vnd ein dünnern Stengel. Die Græci nennens der weissen Bletter halben λευκόφυλλον.

3. Das schwartze Wullkraut ist dem weissen gleich/ allein daß es schwärtzere vnd breytere Bletter hat.

Echtes Labkraut / Galium verum
auch: Marienbettstroh, Liebfrauenbettstroh, Gliedkraut

Das Labkraut erkennt man an seinen kleinen sternförmigen, zitronengelben, nach Honig duftenden Blüten, die in Rispen an den Stengelspitzen stehen. Es blüht zwischen Juni und September an Wegrändern und auf trockenen Wiesen. ¶ Die wohlriechende Pflanze streute man gebärenden Frauen aufs Lager. Zum einen wirkt das Liebfrauenbettstroh entspannend, zum anderen aber sollte es bösen Zauber abhalten. Neugeborene wurden aus diesem Grund mit einem Labkrautabsud gewaschen. Im Mittelalter steckte man sich zudem ein Ästchen Labkraut in die Nase, um Nasenbluten zu stoppen. ¶ Ein Trank aus Labkrautsaft sollte dagegen lebensverlängernde Wirkung besitzen: *Es war einmal ein König am Rhein, dem es so gut ging, daß er nicht ans Sterben mochte erinnert sein; der versprach den Ärzten großen Lohn, wenn sie dem Tod sprächen Hohn. Die gaben ihm still und vertraut den Saft vom Laabkraut, und es trank davon der König, alle Tage ein wenig. Er hatte aber einen Knecht, dem war ein langes Leben auch recht, der hatte auch von dem Tranke genascht, aber er ward vom König dabei erhascht. Der wollte ihn köpfen lassen, allein der schlaue Knecht wußte sich zu fassen: Er sprach: Haltest du mich des Todes werth, so hat sich dein Trank nicht bewährt, denn er soll langes Leben, dem, der ihn trinket, geben. Das sah der König richtig ein, und ließ darauf das Köpfen sein.* ANTON RITTER VON PERGER (1809—1876) ¶ Schon im Altertum nutzten Hirten die Wirkung des Labkrauts für die Milchgerinnung. Bis die milchgerinnenden Enzyme im Kälbermagen entdeckt wurden, verwendete man es in ganz Europa zur Käseerzeugung. Bei der Herstellung des englischen Cheddar-Käses sorgt noch heute der Farbstoff der Labkrautblüten für die orangene Farbe.

Bettstroh

Nasenbluten

Milchgerinnung

Käseerzeugung

Die Gottesmutter Maria legte dem Jesuskind Labkraut als Bettstroh in die Krippe, denn nur solches ließ der Esel unberührt.

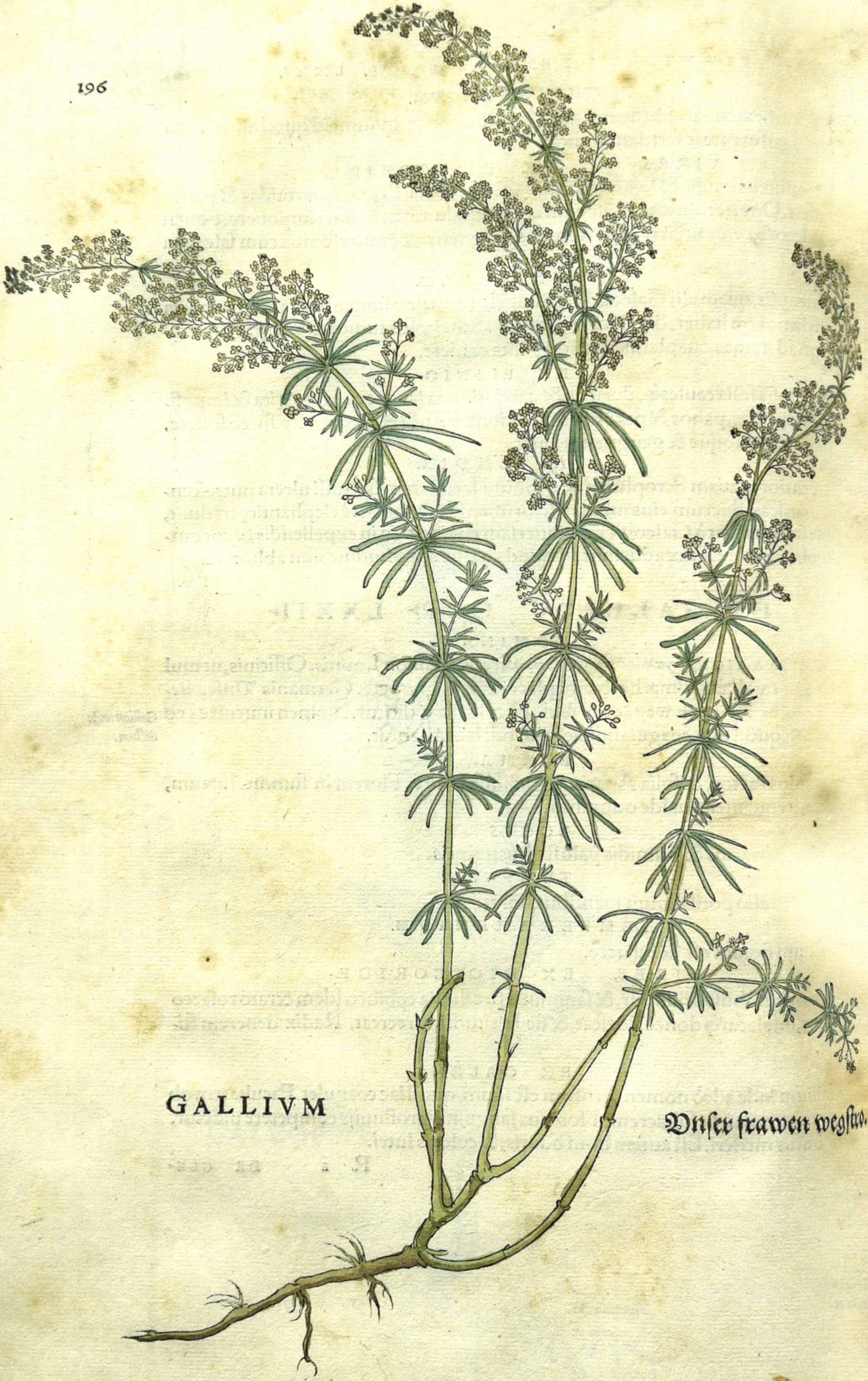

GALLIVM

Vnser frawen wegstro.

Gemeiner Lein, Flachs / Linum usitatissimum / *auch: Glix, Haar*

Der Lein kann bis zu 60 Zentimeter hoch werden. Er blüht himmelblau im Juni und Juli. Seine Frucht enthält meist zehn Samen. Lein ist eine der ältesten Kulturpflanzen überhaupt und wird weltweit angebaut. Zwei seiner Bestandteile lassen sich nutzbringend verwerten: Der Samen dient als Nahrungs-, Futter- und Arzneimittel und liefert außerdem das Leinöl. Aus der Faser des Stengels wird das Leinen hergestellt. Gegen Ende des 19. Jahrhunderts wurde es durch die Baumwolle verdrängt und verlor an Bedeutung. Auf die vielfältigen Verwendungsweisen deutet auch der lateinische Name des Gemeinen Leins: *Linum usitatissimum* bedeutet nämlich „äußerst nützlicher Lein". ¶ Die Bearbeitung

Frauen

der Leinfaser war seit jeher die Aufgabe der Frauen. Vermutlich heißt es deshalb, das Wachstum der Pflanze werde durch das weibliche Geschlecht günstig beeinflußt. So soll der Lein nur von der Bäuerin gesät werden, nicht vom Bauer. Am besten soll der von einer Braut ausgesäte Lein gedeihen. Die Frau sollte beim Säen frisch gewaschene Kleider tragen. Ihr Kopftuch aber sollte sie ablegen und ihr Haar im Wind wehen lassen. Dann wachse der Lein am besten. ¶ Eine besondere Rolle spielt die

Nacktheit

weibliche Nacktheit in Zusammenhang mit dem Lein. So sollen die Frauen mit hochgehobenem Rock über das Feld gehen. So hoch, wie der Rock gelüftet wird, so hoch soll der Lein wachsen. Die Bäuerin soll dem Lein

bloßer Hintern

nicht nur den bloßen Hintern zeigen, sondern sich am besten damit auch noch auf den Leinsamen setzen. Um das Wachsen des Leins zu fördern, wurden auch viele Reime gesprochen, in denen der Lein aufgefordert wird, hoch bis zu den Genitalien zu wachsen. THARSANDER (Pseudonym des Pfarrers GEORG WILHELM WEGENER) schreibt um 1740 in seinem Buch *Schau-Platz Vieler Ungereimten Meynungen und Erzehlungen*, daß sich die abergläubischen Weiber beim Säen des Leins zum Teil

schändliche Worte

„schändlicher" Worte bedienten, damit der Flachs höher wachse. ¶ In verschiedenen Gegenden gab es auch noch andere Wortzauber, um eine gute Leinernte zu bekommen. So sollte es helfen, beim Leinsäen zu fluchen oder laut zu schimpfen, wenn man am Leinfeld vorbeigeht. Am besten sei es sogar noch, in den Acker zu spucken. ////////////////

Vom Lein. Flachs. Cap.

Lein. Flachß. Linum.

Gestallt.

¶ Leinsamen wurde neben seinen zahlreichen praktischen Anwendungen auch als Liebesorakel gebraucht. Mädchen legten ihn sich dazu in der Christnacht unters Kopfkissen, um von ihrem Zukünftigen zu träumen. Auch galt er als Symbol für Glück und Reichtum. In Brandenburg war es z.B. Brauch, daß der Pate seinem Patenkind, vor allem wenn es ein Mädchen war, Leinsamen schenkte, um dem Kind zukünftigen Wohlstand zu bescheren.

Liebesorakel

Glück

Wenn ein Mädchen beim Fest einen hochgewachsenen Tänzer wählt, kann sie auch mit hochgewachsenem Lein rechnen.

LINVM capitulis capſulisque obtuſis, foliis alternis lanceolatis integerrimis. *Linn.* S. P. 277.
Ludw. D. G. P. 547.
- - - perenne.

Maiglöckchen / Convallaria majalis

auch: Maiblume, Maischellchen, Maililie, Zauke, Zäupchen, Fillumfallum, Hillgenkummveilchen

Die mittelalterliche Bezeichnung *lilium convallium* („Lilie der Täler") hat sich im englischen Namen *lily-of-the-valley* erhalten. ¶ Das Maiglöckchen ist sehr verbreitet und wächst in lichten Laubwäldern und Gebüsch, am liebsten auf mäßig trockenen, kalkhaltigen Lockerböden. ¶ *Maiglöckchen, gebrechlicher Traum der Eichenwurzeln von Burgjungfrauen des dreizehnten Jahrhunderts; auch wir wünschen, uns in Eichwäldern zu verlieren und zartweiße Dinge von Alabaster zwischen die Finger zu nehmen.* Jakub Deml ¶ Wollte man einem Bauer Böses, so versteckte man unter der Schwelle seines Kuhstalls ein Maiglöckchen — die Kühe sollten dann nur noch schlechte Milch geben. ¶ Doch auch positive Wirkungen sprach man dem Blümchen zu: Junge Maiglöckchen, vor Sonnenaufgang gepflückt und im Gesicht verrieben, verhinderten angeblich Sommersprossen, und in der rumänischen Volksmedizin wurde das Maiglöckchen (rumän. *lacrimoare*) als Absud gegen Augenkrankheiten verwendet und ihre Blüten als „Tränchen" (lat. *lacrima*) bezeichnet. ¶ Vor allem aber gilt das Maiglöckchen als Glückssymbol. In Frankreich ist der 1. Mai immer noch *La journée du muguet*, der Tag des Maiglöckchens. Wer an diesem Tag ein Sträußchen bei sich trägt, soll das ganze Jahr über Glück haben. ¶ Eine praktische Anwendung fanden die getrockneten Blüten des Maiglöckchens als Bestandteil des berühmten weißen Schneeberger Schnupftabaks, da sie Niesreiz verursachen. ////////////////////////////////////

schlechte Milch

Sommersprossen

Augenkrankheiten

Schnupftabak

Ein am Himmelfahrtsmorgen vor Sonnenaufgang gepflücktes Maiglöckchen soll Glück für das ganze Jahr bringen.

58

CONVALLARIA ſcapo nudo.
Linn. S.P. p. 314.
Ludw. D.G.P. 127.
- - - maialis.
Lilium conuallium officinarum.

Mistel / Viscum album / *auch: Marentaken, Affolter, Donnerbesen, Hexenbesen, Vogelleimholz*

Die immergrüne, schmarotzende Mistel findet sich auf Laubhölzern, auf Tannen oder auf Kiefern. Äußerst selten wächst sie auf der Eiche, weshalb gerade die Eichenmistel im Zauberglauben eine große Rolle spielt. Die Mistel blüht zwischen Februar und Mai. Ihre Verbreitung erfolgt durch Vögel, vor allem durch die Drossel, die eine Vorliebe für die weißen Scheinbeeren hat. Die Samen werden nach dem Fressen unverdaut wieder ausgeschieden und dadurch verbreitet. ¶ *Wie kann der alte Apfelbaum / So lockre Früchte tragen, / Wo Mistelbüsch und Mooses Flaum / Aus jeder Ritze ragen?* ANNETTE VON DROSTE-HÜLSHOFF, *Die Schmiede* (ca. 1844) ¶ Mit der geheimnisvollen, auf Bäumen lebenden Mistel verbinden sich seit jeher zahlreiche Wunderwirkungen. Während die Laubbäume im Winter ihre Blätter verlieren, sind die immergrünen, *Lebenskraft* kugelförmigen Misteln zu dieser Zeit weithin sichtbar. Ihre Lebenskraft schien daher unbegrenzt, und allerlei Aberglauben rankte sich um sie. ¶ Misteln galten etwa als Zauberpflanzen der Druiden. Sie sollten nur dort *Hexen* entstehen können, wo Hexen gerastet hatten. ¶ Vor allem aber wurden der Pflanze positive Wirkungen zugesprochen: In Alkohol abgekochte Mistelzweige ergaben zum Beispiel einen Heiltrank fürs Vieh. Trug ein *Glück beim Jagen* Jäger ein Mistelzweiglein am Hut, sollte er Glück beim Jagen haben. ¶ Überhaupt gilt die Mistel als Pflanze, die Glück ins Haus bringt. In Großbritannien heißt es: „No mistletoe, no luck!" Bäume, auf denen Misteln *Blitzschlag* wachsen, sollen nicht vom Blitz getroffen werden. Und auch Häuser, in denen ein Mistelzweig aufgehängt wird, bleiben angeblich vom Blitzschlag verschont. Einzelne Beeren wurden sogar in Silber gefaßt und als Glücksbringer um den Hals getragen. ¶ Auch zahlreiche praktische Anwendungen der immergrünen Pflanze gab es: Im Mittelalter beispielsweise wurden *Vogelruten* aus Mistelholz Rosenkränze hergestellt, und die Römer kochten die Beeren mit ihrem schleimigen Fruchtfleisch zu Leim für Vogelruten. ////////

Wird in der Weihnachtszeit ein Mädchen unter einem an der Decke angebrachten Mistelzweig angetroffen, muß sie sich küssen lassen.

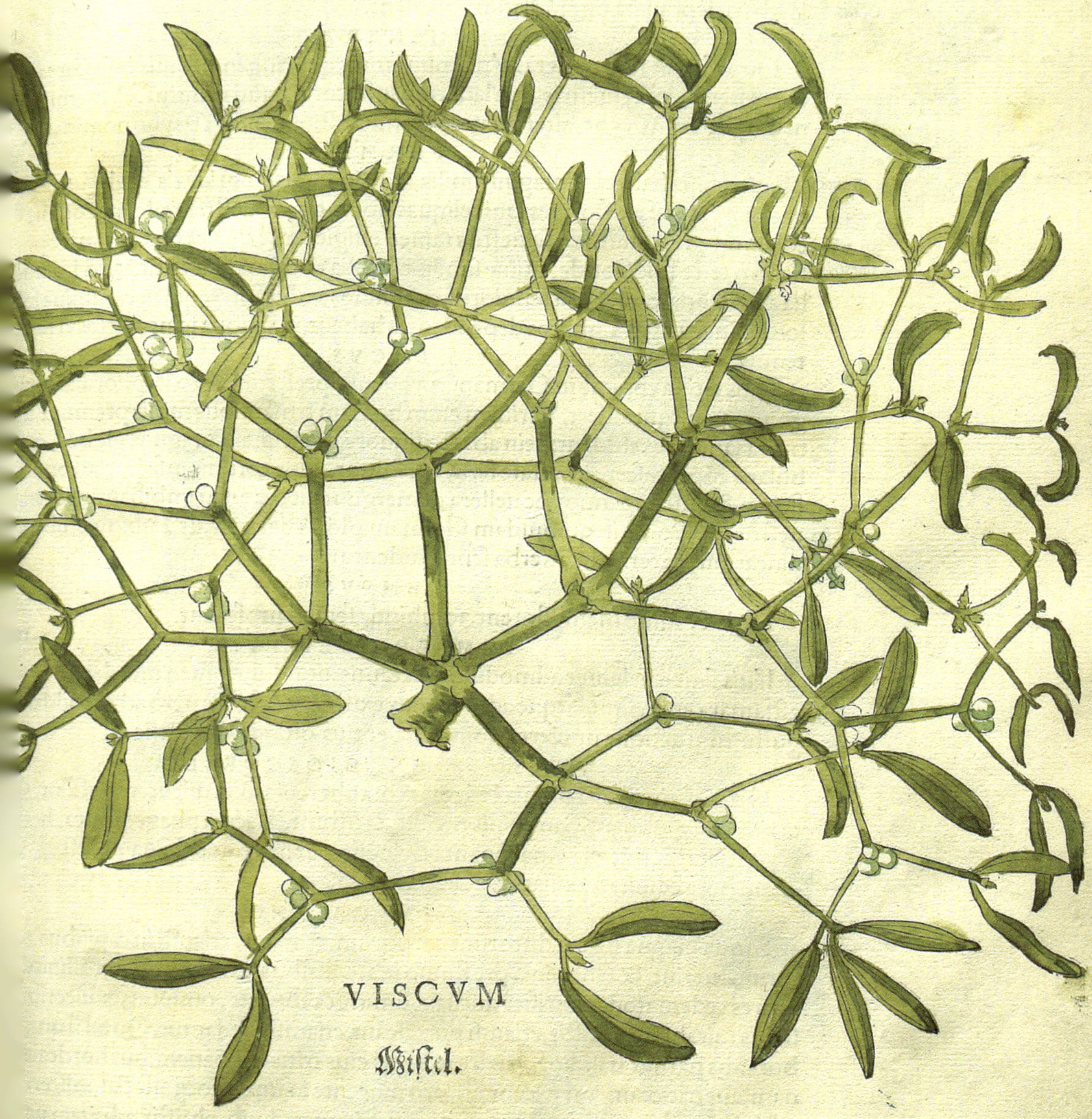

VISCVM

Miſtel.

Mutterkorn / Secale cornutum / *auch: Wolfszahn, Krähenkralle, Afterkorn, Hahnenbrot, Roggenmutter, Vaterkorn, Brandkraut, Kornzapfen, Tollkorn*

Das sehr giftige Mutterkorn ist ein Parasit, der zu den Schlauchpilzen gezählt wird. Er setzt sich während der Getreideblüte vorwiegend an der Ähre des Roggens fest. Man erkennt das Mutterkorn an seinen bis zu vier Zentimeter langen, blauschwarzen Auswüchsen, die wesentlich größer sind als das Roggenkorn. ¶ Der Name Mutterkorn erinnert an die gespen-
Kornmutter stische Kornmutter. Diese soll, im Feld sitzend, vorbeikommende Kinder fangen und sie zwingen, an ihren schwarzen Brüsten zu saugen, aus denen tödliche schwarze Milch kommt. ¶ Aus der Zeit des Mittelalters weiß man, daß durch Mutterkorn verseuchtes Getreide ganze Städte ver-
Antoniusfeuer giftet hat. „Antoniusfeuer" war die Bezeichnung für die epidemisch auftretende Krankheit. Die Vergifteten klagten über starken Durst, heftige Schmerzen, Erbrechen und Durchfall sowie Durchblutungsstörungen. Letztere konnten zum Absterben ganzer Gliedmaßen führen. Die mei-
Tod sten Erkrankten starben. ¶ *Und das Mutterkorn? … Ist das noch nicht das Ärgste? Gibt es etwas noch Ärgeres? Kann einem noch weher geschehen? Gott, Lebendiger! Wie vielfach kann man gestraft werden?* LEOPOLD KOMPERT, *Am Pflug* (1855) ¶ Lange Zeit kannte man den Zusammenhang zwischen
Epidemien den Vergiftungserscheinungen und Mutterkorn nicht. Die Epidemien wurden als Gottesgericht angesehen oder Unschuldigen angehängt. Man glaubte sogar, sich mit Hilfe des giftigen Pilzes vor dem „Antoniusfeuer" schützen zu können, indem man drei Mutterkörner zusammen mit Schnaps zu sich nahm. ¶ Erst später wurde das Mutterkorn in der Frauenheilkunde angewandt. Seine Inhaltsstoffe regen die Wehen an, was
Abtreibungen auch für Abtreibungen genutzt wurde. Außerdem wirken sie blutstillend und blutdrucksenkend. ¶ 1938 entdeckte der Chemiker ALBERT HOF-
LSD MANN während seiner Forschungsarbeiten am Mutterkorn das LSD (Lysergsäurediethylamid). Sein Ziel war es ursprünglich, ein Mittel zur Stimulierung des Kreislaufs zu entwickeln.

Wenn das Korn wogt, zieht die Kornmutter über das Feld.

20.c
30
30.a
50
50.b
47.a
47
51
31.a
51.a
45
45.a

Schwarze Nieswurz / Helleborus niger / *auch: Christrose, Schelmrose, Schneerose*

Die Christrose findet man in den Laub- und Mischwäldern der Alpen, in Deutschland allerdings nur in den Berchtesgadener Alpen oder als in Gärten gezogene Zierpflanze. Sie blüht bis in den März hinein. Auch Temperaturen um den Gefrierpunkt können ihr nichts anhaben. Wegen ihres schwarzbraunen Wurzelstocks heißt sie auch Schwarze Nieswurz. ¶ Der deutsche Name der Pflanze rührt daher, daß die zu Pulver gemahlene Nieswurz stark zum Niesen reizt und deshalb zur Herstellung von Schnupftabak und Niespulver verwendet wurde. ¶ Nach altem Glauben erblüht die Schwarze Nieswurz in der Christnacht. ¶ … *Dich würden, mahnend an das heil'ge Leiden, / Fünf Purpurtropfen schön und einzig kleiden; / Doch kindlich zierst du, um die Weihnachtszeit, / Lichtgrün mit einem Hauch dein weißes Kleid.* EDUARD MÖRIKE (1804—1875), *Auf eine Christblume* ¶ Wie viele andere Frühjahrsblumen soll auch sie nicht gepflückt werden. Christrosensträuße wurden daher in Bauernhäusern nicht geduldet, da man befürchtete, daß sonst die Hühner keine Eier mehr legten. ¶ Bei Viehseuchen, wie zum Beispiel Milzbrand, durchbohrte man den kranken Schweinen das Ohr und steckte eine Wurzel der Christrose hindurch. Der Arzt und Alchemist PARACELSUS bereitete im 16. Jahrhundert aus getrockneten Nieswurzblättern ein Mittel zur Erhaltung der Jugendlichkeit und für ein langes Leben. ¶ Der römische Dichter HORAZ überliefert, daß die Wurzel der Nieswurz sogar ein Mittel gegen Geiz sein soll. ///////

Niespulver

Eier

langes Leben

Wer an der Christrose riecht, bekommt Sommersprossen.

s. **2. Schwartze Nießwurtz/Christwurtz.** 2. Helleborus. niger.

zewinnt steiffe Bletter/ wie Löwentapp/ Leon-
ehen siben an einem langen/runden Stiel/ sindt
ie eussersten Bletter auß diesen siben / an beyden

Odermennig / Agrimonia eupatoria
auch: Ackermännchen, Bruchwurz, Heil aller Welt, Leberklette

Den Odermennig findet man gelbblühend zwischen Juni und August sehr häufig an Waldrändern und an sonnigen Hängen, wo er bis zu einem Meter hoch werden kann. Die schon verwelkte Pflanze bleibt mit ihren Früchten noch sehr lange stehen. Der Odermennig gehört damit zu den sogenannten Winterstehern. Seine Klettfrüchte bleiben leicht an vorbeistreifenden Tieren und Menschen hängen. ¶ Der Name Odermennig könnte durch eine Entstellung des lateinischen Namens *Agrimonia* entstanden sein. ¶ In der Volksmedizin wurde der Odermennig vor allem

blutstillend

wegen seiner blutstillenden und zusammenziehenden Eigenschaften geschätzt. So wurde er nicht nur im Alltag bei kleinen Kratzern oder Bissen verwendet, sondern auch auf Schlachtfeldern, um Wunden zu verarzten und Schmerzen zu lindern. ¶ Schon der Mönch Walahfrid Strabo schreibt daher im 9. Jahrhundert über die Heilwirkung des Odermennigs: *Odermennig, … hat ein feindliches Messer uns einmal am Körper verwundet, rät man uns wohl, zu seiner Hilfe Zuflucht zu nehmen …* Ein Fußbad mit dem Kraut soll die Müdigkeit aus den Füßen ziehen und

Warzen und Hühneraugen

Warzen und Hühneraugen vertreiben. Wegen seiner gelben Farbe wurde er auch als Mittel bei Leberleiden und Gelbsucht angesehen, da man davon ausging, daß bestimmte Eigenschaften einer Pflanze — in diesem Fall die gelbe Farbe — auf ihre Heilwirkungen hindeuten. //////////////

Wer Läuse hat, soll sich mit einem Absud vom Kraut des Odermennigs waschen.

Oderming.
Das v Capitel.

AGrimonia ferraria minor lati-
ne. Argemonia grece/ Scelen
arabice. Der meister Plateari
us / vñ ander meister in dē capitel Ag-
grimonia sprechend/das diß kraut sey
heiß vñ trucken in dem andern grad.
i ¶ Diascorides. Oderminge grien ge
stossen vñ also getruncken vō dē safft
vertribt die erhaben pestilentz in dem
menschen vnd also genützt vertreibet
sy alle geschwer innerlich.
ij ¶ Oderming ist gůt denen/die gestoch
en seind von vergifftigen thieren/ des
saffts getruncken. Vnd ob ein dobend
hundt einen gebissen het/ d nem Oder
ming vnd grűß die/vnd leg sy daruff.
iij ¶ Item Oderming safft getruncken
vertreibt das bauchwee.
iiij ¶ Oderming grien vnnd frisch gestos-
sen vnd vff die böse geschwere geleit/
dauon sich erhebt der wolff/er genüßt
¶ Oderminge gemischet mitt essig v
vertribt die wartzē/daruff geleit glich
einem pflaster.
¶ Wer ein böß miltz het/der brauch vj
Oderming vnd hirtzung in der kost er
genißt.
¶ Die wurtzel vō Oderming gesotten vij
mit wein vnd den genützt/ ist gůt den
erlamten glidern.
¶ Galienus spricht/dz Oderming in viij
aller speiß gessen ist dem fast gůt d de
krebß hat/wañ er genißt dauon.
¶ Oderming nimt hyn alle vnreinig- ix
keit des menschen/es sy vff dem haubt
oder allenthalben an dem leib/ damit
gezwagen oder geweschen.
¶ Oderming vertreibt den harwurm/ x
die grűse daruff geleit.
¶ Item allen zerknűrstē glidn ist die xj
grűse fast gůt daruff gebunden.
¶ Oderming heylet schleg/vñ zerschla xij
gē glider / mit dē safft daruff gestrichē
¶ Item welcher ermůdet wer von vil xiij
em gan/d bad die fieß mit Oderming
er wirt dauon lichtlich widerumb geen
¶ Von Oderming getrunckē vertribt xiiij
allen schmertzen in dem leib.
¶ Oderming ist fast gůt für den stein xv
damit gebadet in einem schweyßbade
der da gewachssen ist von hitz vnd von
der dörre/als dañ seind die colerici.
¶ Itē Oderming safft mit saurampf- xvj
fer wasser gemischt ist gůt wid die hitz
ige Apostemen genant Antrox vnnd
wider Apostemen mitt der pestilentz
vermenget.
¶ Item Oderming wasser mit thuci- xvij
en vermengt vnd die augen damit ge
netzt bringt ein klar gesicht.

Eppich.

Quendel / Thymus serpyllum
auch: Feldthymian, Wilder Thymian, Feldpoleich, Liebfrauenbettstroh, Kundelkraut, Karwendel

Der stark duftende, von Juni bis September rosarot blühende Quendel ist an sonnigen Weg- und Waldrändern zu finden. ¶ Das aromatische und beruhigend wirkende Gewürzkraut Quendel wurde in erster Linie als Frauenkraut angesehen. Es wurde als Beigabe zum Bettstroh für Schwangere oder Gebärende empfohlen, aber auch brütenden Hühnern und Gänsen untergeschoben. ¶ Damit Kühe reichlich Milch gaben, wusch man ihr Euter sowie die Milchkanne mit Quendel-Absud. Dies mag sich tatsächlich auf die Milchproduktion ausgewirkt haben, denn das in den Blättern enthaltene ätherische Öl wirkt desinfizierend und beugt somit Krankheiten vor. ¶ Im Thüringer Wald pflückten Bauern an Markttagen Quendel, weil ihm die Kraft zugesprochen wurde, Geschäfte günstig zu beeinflussen. ¶ *Quendelblüte, ich sehe dich nicht, so verloren bist du in deiner Umgebung, doch scheinen die Gewänder des Sommers nur nach dir zu duften …* Jakub Deml //

Bettstroh

Milch

Markt

Einer Sage nach trug Maria bei ihrer Vermählung ein Kränzchen aus Quendel.

SERPYLLVM

Quendel.

Rainfarn / Tanacetum vulgare
auch: Pompelblume, Kraftwurz, Gürtler, Goldknopf

Der Rainfarn hat stark aromatisch riechende Blätter. Man erkennt ihn an seinen gelben, knopfförmigen Blütenkörbchen. Er blüht zwischen Juni und September an Wegrändern, Rainen und Bahndämmen. Man zählt ihn zu den sogenannten Kompaßpflanzen, weil sich seine Blätter in der Mittagssonne genau nach Süden richten. Mit den Farnen ist er nicht verwandt, wird aber trotzdem als „blühender" Farn bezeichnet. ¶ Sicherlich wegen seines starken Geruchs gilt der Rainfarn als zauberabwehrend. Schon im *Gart der Gesundheit* von 1521 kann man nachlesen, daß *frawen die ire kynder leyphafftig und frisch behalten wöllen, die söllen die kynder über den rauch halten diß kruts, der benimt ... alle böse gespenster des teufels und mag ihnen nit schaden.* ¶ Der aufsteigende Rauch eines Rainfarnsträußchens, das auf glühende Kohlen gelegt wurde, kann aber auch vor Blitzschlag schützen. Bis heute rauchen Imker getrocknete Rainfarn-

Imker

blätter in ihrer Imkerpfeife, um die Bienen zu beruhigen. ¶ Wie dem eigentlichen Farn, so wird auch dem Rainfarn nachgesagt, daß er unsicht-

unsichtbar

bar machen kann — allerdings nur an Johanni (24. Juni). So schreibt noch Johannes Bobrowski in seiner Erzählung *Rainfarn* von 1964: *Blüten in die Schuhe gestreut oder eine Dolde an die Mütze gesteckt: da könnte man sich an den Zaun stellen, ungesehen.* Bobrowski erwähnt auch, daß die verdorrten harten Stengel früher als Verschluß beim Wurstmachen verwendet wurden.

Mit einem Rainfarnzweig in der Tasche wird der Reisende wieder glücklich heimkehren.

TANACETVM foliis bipinnatis incisis serratis. *Linn.*
S. P. 844. variet. α. *Ludw.* D. G. P. 295.
- - - - - vulgare.
- - - - - officin.

Raute / Ruta graveolens / *auch: Totenkraut, Weinraute, Gartenraute*

Die Raute kann bis zu einem Meter hoch werden. Ihre Blätter riechen aromatisch. Die kleinen gelbgrünen Blüten sind in Trugdolden angeordnet und blühen im Sommer. Man findet sie fast nur noch in Gärten angepflanzt. ¶ Die Raute genoß immer ein hohes Ansehen. Seltsamerweise sollte sie besonders gut wachsen, wenn man sie unter Flüchen aussäte. Auch sollte gestohlene Raute besser gedeihen als selbst gezogene. ¶ Immer wieder wurde von der teufels- und zauberabwehrenden Kraft der Raute berichtet.

Hochzeit

Vor allem bei Hochzeitsbräuchen spielte sie eine große Rolle. Rauteblätter wurden häufig ins Brautbett oder auch in die Kinderwiege gelegt, um alles Böse fernzuhalten. Die Toten schützte sie vor bösen Mächten, wenn ihnen Rautebüschel in die Bahre gelegt wurden. ¶

… Was hast du nun von allem deinem Reichtum? Was ich einst von meiner Armut auch bekomme: ein Totenkleid und ein Leintuch und von allen deinen schönen Blumen vielleicht einen Rosmarin auf die kalte Brust oder eine Raute. …

JOHANN PETER HEBEL, *Schatzkästlein des rheinischen Hausfreundes* (1811)

gegen bösen Zauber

¶ In jeder Form der Anwendung war die Raute ein verläßliches Mittel gegen bösen Zauber, das auch das Vieh vor Hexerei bewahrte. Darüber hinaus sprach man ihr noch zahlreiche andere positive Wirkungen zu.

Ordensleute

Wollten sich beispielsweise Ordensleute vor unkeuschen Gedanken schützen, griffen sie zur Raute. In Taubenschlägen hielt ein Rautesträußchen Katzen fern, und in den Garten gepflanzte Raute vertrieb das Ungeziefer.

Den Wein mit Raute versetzt,
und man bekommt
kein Kopf-
weh.

RVTA foliis decompoſitis. *Linn.* S.P. 383. *Ludw.* D.G.P. 436.
- - graueolens. variet. γ.
- - hortenſis. *Offic.*

Rosengalle / Fungus cynosbati / *auch: Rosenapfel, Rosenschwamm, Rosenkönig, Schlafdorn, Schlafapfel, Schlafkunz, Schlafputz, Barbarakisschen, Bedeguar*

(vom Persischen *badawar* = „windgeboren")

Die gemeine Rosengallwespe (*Diplolepis rosae*) legt mit einem Legestich ihre Eier in die Knospen oder in die jungen Triebe der Hundsrose. Die schlüpfenden Larven verursachen durch ihren Fraß eine abnorme Zellteilung des Pflanzengewebes und die Bildung der moosartigen Auswüchse. Die Larven bauen sich sozusagen ihr eigenes Nest. ¶ Um ihre volle Wirkung entfalten zu können, muß die Rosengalle während des

Glockenläuten

Glockenläutens, schweigend und mit bedeckten Händen abgepflückt

Schlaf

werden. Ins Kopfkissen eingenäht, soll sie dann sanften und festen Schlaf bewirken. Eduard Mörike jedoch hegt in seinem Gedicht *An eine kranke Freundin* Zweifel an der schlafbringenden Wirkung der Rosengalle: … *Schlaf ist wohl eine milde Kost, / Schlafäpfelchen ein schlechter Trost. / Doch leg' sie immer unters Kissen. / Es frommt schon öfter, nur zu wissen, / Daß Jemand ist / Zu dieser Frist, / Der gern uns von dem Seinen gönnte, / Das er zwar selber brauchen könnte.* ¶ Um sicherzugehen, daß eine geliebte Person

Treue

auch treu bleibt, kann ihr ein Rosenapfel ins Bett gelegt werden. Auf dem Ofen gedörrt, dann gekaut oder in der Pfeife geraucht, dient der Rosen-

Zahnschmerzen

apfel als Mittel gegen Zahnschmerzen. Und selbst für die Rosengallarven gibt es noch Verwendung: In Rotwein getränkt, können sie bei Fallsucht helfen. ¶ Dank ihrer Eigenschaft, eine beträchtliche Menge an Wasser

Weihwasserwedel

aufsaugen zu können, kann die Rosengalle auch als Weihwasserwedel benutzt werden.

Ein zufällig gefundener Schlafapfel, unters Kopfkissen gelegt, hilft Kindern beim Einschlafen.

a. Rosa sylvestris flore carneo, Cynorrhodon, wil
b. Rosa sylvestris seu Cynosbatus, Eglantier,
c. Rosa sylvestris fructus vel Cynosbatus
Haagpützen und Rosenschwam̄.
d. Rosarum Regina, la Reine des Roses, Rosen Kö

Gemeine Schafgarbe / Achillea millefolium / *auch: Jungfernkraut, Blutkraut, Katzenkraut, Tausendblatt, Jungfernaugenbrauen*

Die Schafgarbe gehört zur Familie der Korbblütler und wird über einen halben Meter hoch. In dichten, schirmartigen Trugdolden stehen die kleinen weißen Blütenköpfchen. Sie blüht zwischen Juni und Oktober überall auf Wiesen, Wegrändern und Rainen. ¶ … *Und nun zwischen den Gräbern hin setzte sich der Zug wieder in Bewegung, bis er am andern Ende des Kirchhofs hielt. Hier dicht an der Feldsteinmauer war ein Grab gegraben, an einer Stelle, wo zur Sommerzeit Disteln und Schafgarbe wucherten und die Ziegen zu grasen pflegten* … THEODOR FONTANE, *Vor dem Sturm* (1878)

Heilpflanze

¶ Die Schafgarbe ist seit jeher eine beliebte Heilpflanze. Ein aus der Pflanze hergestellter Tee wirkt blutdrucksenkend und krampflösend. Bevor 1516 das Reinheitsgebot für Bier in Kraft trat, wurde Schafgarbe sogar als

Bier

Bierwürze verwendet. ¶ Man nannte die Pflanze auch „Soldatenkraut“,

blutstillend

weil man ihr blutstillende und wundheilende Wirkung nachsagte — Eigenschaften, die Soldaten besonders zu schätzen wußten. Einer Legende nach soll sich der heilige Josef bei der Arbeit mit einem Hobel verletzt haben. Daraufhin pflückte ihm das Jesuskind eine Schafgarbe, und die Wunde heilte rasch. ¶ Schafgarbe war auch Bestandteil der hochgeschätzten Gründonnerstagssuppe, deren Genuß das ganze Jahr vor Krankheit schützen sollte. Die Heilwirkung der Pflanze schätzte man sogar so hoch ein, daß man ihr die Fähigkeit zusprach, den Teufel auszutreiben. Dazu mußte man einen Trank aus Schafgarbenblättern zu sich nehmen,

Kirchenglocke

der jedoch nur Wirkung zeigte, wenn er aus einer Kirchenglocke getrunken wurde. ¶ Wegen ihrer feinen Blättchen gab man der Pflanze auch die Namen „Jungfernaugenbrauen“ oder „Augenbraue der Venus“. //////////

Nasenbluten kann man hervorrufen, indem man sich ein Schafgarbenblatt in die Nase steckt.

Schafgarb. Millefolium maius,
Stratiotes millefolia.

ren O
sen/vn
gen di
lein /
Spal
darau
ber in
Sten
hoch/r
biß zu
Stiel
gen V
geln in
nen od
dern L
ander.
der ge

tzel ist schwartz/zasecht/kreucht hin vnd wider im G

2. Schafgarb. 2. Millefolium. 3.

Gefleckter Schierling / Conium maculatum / *auch: Mäuseschierling, Wüterich, Stinkkraut, Giftkraut*

Der sehr stark giftige Schierling ist ein Doldenblütler. Man findet ihn an Mauern, Hecken und Zäunen und erkennt ihn an seinem unangenehm mäuseartigen Geruch. Er blüht weiß zwischen Mai und September. ¶ Der Schierling spielte wegen seiner Giftigkeit schon im Altertum eine große Rolle. Sicherlich der bekannteste Vergiftungsfall ist der Tod des griechischen Philosophen SOKRATES (399 v. Chr.). Wegen Verführung der Jugend wurde er dazu verurteilt, den sogenannten Schierlingsbecher zu trinken. Diese Todesart galt als eher milde und war vor allem aus politischen Gründen Verurteilten vorenthalten. Die Vergiftung bewirkt eine von den Füßen her aufsteigende Lähmung. Der Tod tritt bei vollem Bewußtsein durch Atemlähmung ein. ¶ Der Schierling wurde aber auch zu Heilzwecken genutzt. So setzte man ihn vor allem bei Amputationen als örtliches Narkosemittel ein. ¶ Junge Frauen machten sich Umschläge mit Schierlingssaft auf die Brüste, damit diese nicht welken, sondern klein und fest bleiben sollten. ¶ Zerriebenes Schierlingskraut als Umschlag auf die Hoden gelegt, sollte einen Mann unfruchtbar machen. Sogar Priestern wurde dieses Mittel empfohlen, um ihr Keuschheitsgelübde nicht zu brechen.

Gift

Narkosemittel

Unfruchtbarkeit

CICVTA

Wüterich.

Zaubertrank ¶ Eine wichtige Rolle spielt der Schierling auch im Zaubertrank der drei Hexen in *Macbeth*:

Um den Kessel rund und rund;
Giftgedärm zum Kesselgrund. —
Kröte kalt vom Felsgestein,
Tag und Nacht mit dreimal neun,
Schlafend schleimgeschwitzter Brut
Brüh zuerst im Hexensud.
Schlangenfleisch vom Schwarzmoorteich
Koch im Kessel weiß und weich;
Aug vom Frosch, vom Molch der Kropf,
Flaum vom Kauz, vom Hund der Kopf,
Natterzunge, Blindschleichhaut;
Eidechsbein und Bilsenkraut
Zum Gebräu der Mühsal brauche,
Höllenjauche, fauch und schmauche.
Echsenschuppen, Werwolfzahn,
Hexenmumie, Blut und Tran
Frisch vom Haifischbauch gedrückt;
Wurz und Schierling, nachts gepflückt;
Leber, warm, vom Lästerjud,
Geißengalle, Rattenblut,
Das im Finstermond gegorn;
Nas vom Türk, Tartarenohrn;
Hand vom Kind, erwürgt mit Schnur,
Dreckgeborn von einer Hur,
Abgekühlt mit Paviansblut
Wird der Zauber stark und gut.
Brauche, brauche Müh und Jauche
Feuer, fauch, und Kessel, rauche.

108 SHAKESPEARE, *Macbeth* (um 1608), übertragen von FRANK GÜNTHER

Esel fressen den Schierling als Schlafmittel.

¶ Krafft vnd wirckung.

Buschmören seind warmer Natur im ren Grad / haben ein zertheilende Natur.

Die Wurtzel in Wein eingetruncken/wi het dem Spinnengifft / reinigt der Frauwe vnd treibt auß die Nachgeburt. Ist gut den a menden/mit einer Brü gesotten.

Ist auch gut für bösen gifftigen Lufft / a nützt. Säubert vnd heylet die bresten der Brust vnd Lungen.

Schirling / Cicuta. Cap. cccxvij.

SChirling oder V ling / Wundtsch Wüterich / Græc νειον, Latinis Conion , Vulgò Cicuta. *Ital. Cicu Cigne. Hisp. Ceguda.*

Wundscherling ist ein deß Stams innwendig h harte knotten daran/wie kern/sein gekrönte Blum niß/weiß oben auff dem gel / seine Wurtzel ist lan weiß / ligt nit tieff in der wächßt auff den Matte öden Zwingern/etwan w schuch lang / reucht vbel / lem Vieh schädlich.

¶ Krafft vnd wirc

Cicuta von kalter Na gen/die der Samen an j tödtet den Menschen der tzet. Aber genützt mit g ten weissen Wein / der jm die kälte.

Der samen gleicht de

Cicuta ist kalt vnnd im dritten Grad.

Schlafmohn / Papaver somniferum
auch: Ölmagen, Saatmohn, Magsamen

Der Schlafmohn blüht zwischen Juni und August. Die Farbe seiner vier großen Blütenblätter kann von verwaschen weißlich über zart violett bis hochrot sein. Seine Frucht ist eine dekorative Kapsel, die den Mohnsamen enthält. Aus dem durch Anritzen gewonnenen weißen Milchsaft der Pflanze kann Opium hergestellt werden. ¶ Schon in der griechischen Mythologie wird der Schlafmohn erwähnt. So soll Demeter, die Göttin der Erdfruchtbarkeit, in ihrer Verzweiflung über die Entführung ihrer Tochter Persephone durch Hades, den Gott der Unterwelt,

Schlafmittel

Opium als Schlafmittel genommen haben. Und VERGIL beschreibt in der *Aeneis*, wie Aeneas den Höllenhund Kerberos mit einem Köder aus Opium und Honig betäubt, um in die Unterwelt zu gelangen. ¶ Die schlaffördernde und rauscherzeugende Wirkung des Schlafmohns wird bei zahlreichen Dichtern erwähnt, darunter zum Beispiel LUDWIG UHLAND (1787—1862): *… Zur Warnung hör ich sagen, / Daß der im Mohne schlief, / Hinunter ward getragen / In Träume schwer und tief …* ¶ Auch RAINER MARIA RILKE waren die Auswirkungen der Pflanze bekannt, denn in seinem Gedicht *Schlafmohn* (1907) heißt es: *Abseits im Garten blüht der böse Schlaf …* ¶ Der Mohnsamen wurde als antidämonisches Mittel eingesetzt. So glaubte man, daß ausgestreuter Samen böse Geister aufhalten könne, weil diese erst die Körner zählen müßten, ehe sie weitergehen

Mohnsamen

konnten. In manchen Gegenden wurde den Toten Mohnsamen in den Sarg gestreut. Kindern gab man eine getrocknete Mohnkapsel als Rassel. ¶ Wegen seiner zahlreichen Samen galt der Schlafmohn auch als Frucht-

Hochzeit

barkeitssymbol. Nach der Hochzeit wurde das Brautpaar mit Mohnsamen beworfen, um der Ehe Kindersegen zu bescheren. Hühnern gab man die Mohnkörnchen, damit sie mehr Eier legen sollten. Und in östlichen Ländern aß man traditionell an Neujahr Mohngebäck, um im neuen Jahr immer genügend Geld zu haben.

Wer zuviel Mohn
ißt, wird
dumm.

PAPAVER
SATIVVM.

Magsomen.

Echte Schlüsselblume / Primula veris

auch: Himmelsschlüssel, Petersblume, Aurikel, Frauenschlüssel, Gelbsuchtblume

Petrus

Schätze

Die Schlüsselblume findet man von März bis Mai auf mageren Wiesen mit kalkhaltigen Böden, an Waldrändern und in lichten Wäldern. ¶ Nach der volkstümlichen Mythologie entstand die Blume aus den Himmelsschlüsseln, die dem heiligen Petrus entglitten und auf die Erde fielen. ¶ In vielen Sagen findet ein Knabe eine Schlüsselblume, die ihm den Eingang zu verborgenen Schätzen zeigt und diesen öffnet. ¶ Als Frühlingsblume wurden der Schlüsselblume besondere Kräfte zugesprochen. So wurde sie von den Druiden für den sogenannten „Saft der Begeisterung“ benutzt. Mit ihm konnte das Herz der geliebten Person aufgeschlossen werden. Einer an Weihnachten gefundenen Schlüsselblume wurde noch größere Zauberkraft zugesprochen. ¶ Man sagte auch, daß es besser sei, Schlüsselblumen nicht abzubrechen, sonst würden die jungen Hühner sterben oder erst gar nicht schlüpfen.

Findet ein Mädchen schon in
der Karwoche eine Primel,
steht ihre baldige
Hochzeit
bevor.

A

B

Geel Hymmelschlüssel/oder Weissz Betonien.

Confessus sum disscipu

RDPF

Schöllkraut / Chelidonium majus
auch: Goldwurz, Warzenkraut, Augenkraut, Maikraut, Schwalbenkraut

Das Schöllkraut kann bis zu 70 Zentimeter hoch werden. Seine Blüten haben je vier goldgelbe Blütenblätter. Man findet es zwischen April und Oktober an Zäunen, Mauern oder Schutthalden. ¶ Man nennt das Schwalben Schöllkraut auch „Schwalbenkraut", weil es mit der Ankunft der Schwalben erblüht und erst bei deren Zug in den Süden im Herbst wieder verwelkt. ¶ *Wo bleiben denn die Schwalben? / Das Schöllkraut ist schon da. / Es wachset allenthalben, / recht früh in diesem Jahr.* ANONYM ¶ Das Kraut ent-Gelbsucht hält einen gelblichroten, giftigen Milchsaft, der früher gegen Gelbsucht verwendet wurde. In manchen Gegenden wurde Gelbsuchtkranken ein Omelette mit Schöllkrautblättern zubereitet. Das Eigelb sollte die Wirkung noch steigern. ¶ Manche Alchimisten glaubten, mit dem gelben Gold Milchsaft Gold herstellen zu können. ¶ Bis heute wird der ätzende Schöllkrautsaft auf Warzen getupft. Nach altem Volksglauben geschieht dies am besten bei abnehmendem Mond, denn mit dem Mond soll auch die Warze zurückgehen. ///

Badet man zitternde Hände
in Schöllkrautabsud,
werden sie
ruhig.

sie bald jhr Gesicht.

chölwurtz/Groß Schwalbenkraut. Chelidonium m

Stell.

wechſt allenthalben in ſchattichten Orten/fürnemlich
Hoffſtätten/auch hinder den Zäunen vnnd Hecken/ſelte

Sonnentau / Drosera rotundifolia / *auch: Sintau, Bauernlöffel, Fliegenfalle, Marienträne, Bullenkraut, Sonnenlöffel, Jungfernblut,*

Der unter Naturschutz stehende Sonnentau gehört zu den fleischfressenden Pflanzen. Man findet die seltene Pflanze in der Nähe von Mooren und Sümpfen. Die niedrige Pflanze hat langstielige, rundliche Blätter, an deren Rand rötliche Drüsenhaare sitzen, die klebrige Tröpfchen ausscheiden. Dieses zuckerhaltige Sekret lockt Insekten an, die daran hängenbleiben und von der Pflanze mit Hilfe ausgeschiedener Enzyme aufgelöst werden. Sie liefern dem Sonnentau den dringend benötigten Stickstoff. ¶ … *Dem ganzen Tage hing der frühe Tauglanz an — der Abend fand den Morgen noch im Schimmer, und der Mond spiegelte sich im Sonnentau — die Sterne zogen in das Herz herab und erleuchteten die schönsten Nachtstücke darin — und was wollen wir Menschen denn weiter?* … JEAN PAUL, *Dr. Katzenbergers Badereise* (1809) ¶ Früher dachte man, die kleinen Tropfen seien morgendlicher Tau. Da er aber auch in der Sonne nicht verdunstete, glaubten mittelalterliche Alchimisten, wie der berühmte ARNALDUS DE VILLANOVA (1235—1312), mit diesem Stoff das Lebenselixier erzeugen zu können. Das gelang ihm zwar nicht, aber er stellte mit destilliertem Sonnentau sein „Goldwasser" her, *das wider alle Krankheiten dienlich* sei. ¶ Dem Sonnentausaft wurde außerordentliche Kraft nachgesagt. So hieß es zum Beispiel: Gibt man ein paar Tropfen Sonnentau in ein Glas voll Gift, so zerspringt dieses. Tropft man den Sonnentausaft hingegen in einen Giftbecher aus Silber, schäumt der Trank wie kochendes Wasser. ¶ Auch glaubte man, den Teufel aus einer besessenen Person vertreiben zu können, wenn man dieser das Kraut um den Hals hängte.

Morgentau

Lebenselixier

Goldwasser

Sonnentau in der Tasche, und dem Jäger ist ein sicherer Schuß gewiß.

Sommerwurtz/daran liecht Purpurfarbe rauche Blumen/nach welchen kleine Döttlin werden/in welchen ein schwartzes kleines Sämlin verschlossen ist/Hat gar keine Bletter.

¶ Krafft vnd wirckung.

Die Wurtzel ist allein im gebrauch/Hat ein zusammenziehende art/kalter Natur.

Der Safft vnd gebrandt Wasser von dieser Wurtzel/ist gut getruncken für den Schlag/Fallende sucht/vnd Lähme/vnd entzündung der Lebern.

Ein Sirup von dem Safft gemacht/dienet in hitzigen Febern/Hauptwehe/vnd zu allen vorgemeldten gebresten/mit gebrandtem Wasser dieser Wurtzel/oder mit sonst einem bequemen Wasser vermischt/vnd eingetruncken.

Sonnendauwe/ Ros Solis. Cap. ccccix.

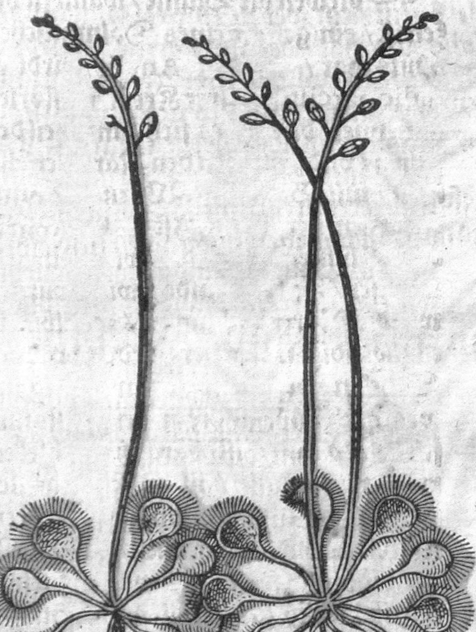

Sonnendauwe/Ros Solis vnd Solaria, wirdt also genēnt/dieweil seine Bletter pflegen voller Tropffen wie ein Dauwe zustehen/wañ die Sonne deß mittags im Sommer am heyssesten scheinet.

Es ist ein kleines Kreutlin/hat gar dünne zarte fasem oder stile/daran kleine runde wollichte Blätlin/hol wie ein Ohrlöffel/innwendig bleichgelb/außwendig herumb mit rot Carmasin fäßlin/darauß wächset ein schmaler dūner Stengel/Fingers lang/daran weisse Blümlin/die Wurtzel ist gar klein vnd zaselicht.

Wañ die Sonne im hohen Sommer am heyssesten scheinet/so schwitzet dieses Kreutlin/daß seine Blätlin voller Tropffen/wie ein Dauwe/stehen. Es wächsset an sonderlichen orten/da Wasserbäche fliessen/vnd auch an Mosichten orten/daß es wol möchte vnder die Mooßkreuter gezehlet werden. Es wirdt diß Kreutlin viel bey vns gefunden/an etlichen orten vber der Höhe auff Königstein zu/daher es vnsere Apotecker wissen zubekommen.

¶ Krafft vnd wirckung.

Der Safft oder Dauwe dieses Krauts/schreibet Rembertus Dodonæus in seiner Kreuterhistorien/ist einer brennenden vnd etzenden Natur/dann wohin man die Bletter auff die Haut auffbindet/ziehen sie Blasen auff/wie die erfahrung gibt/Ist warm vnd trucken im vierdten Grad.

Hierauß ist zuschliessen/daß die jenigen/welche diß Kraut für das Abneimen vnd Lungensucht gebrauchen/gar sehr jrren/vnd noch grösseren schaden denselbigen Krancken zufügen/denen sie diß Kraut wider solche gebresten gebrauchen/dieweil seine brennende vnd trucknende Qualitet/solche gebresten ärger vnd schadhafftiger machet. Darumb soll man sich wol fürsehen/mit dem gebrauch dieses Kreutlins/vnd nicht allein sehen auff die feuchtigkeit so sich von hitz der Sonnen herauß ziehet(wie die thun welche es zur Lungen vñ das

Spitzwegerich / Plantago lanceolata
auch: Lügenblatt, Schlangenzunge, Spitzfederich, Spießkraut, Wegtritt

Der Spitzwegerich wächst unauffällig überall an Wegrändern und trockenen Wiesen und kann bis zu einem halben Meter hoch werden. Ab Mai sieht man am Ende seines langen Stengels die unscheinbaren ährenförmigen Blüten mit ihren weißen Staubfäden. ¶ *Spitzwegerich, bist du zu Mittag nicht immer traurig dort oben in deinem Minarett?* JAKUB DEML ¶ Der „König des Weges" ist seit der Antike eine geschätzte Heilpflanze. Bis heute legt man sich zerriebene Wegerichblätter auf kleine

Kopfschmerzen

Hautverletzungen und seine kühlenden Blätter auf die Stirn gegen Kopfschmerzen oder auf die müden Füße. Schleimig eingekochter Wegerichsamen sollte helfen, Dornen und Holzsplitter zu entfernen. ¶ Auch andere, wundersamere Wirkungen wurden ihm zugesprochen: Wege-

Skorpione

richsaft sei nicht nur ein Mittel gegen Skorpione, sondern helfe auch gegen den Biß eines tollwütigen Hundes. Die Wirkung einer frühmorgens und nüchtern gegessenen Wegerichwurzel soll sogar so weit gehen,

unverwundbar

daß sie den Menschen hieb- und stichfest, also fast unverwundbar macht. HILDEGARD VON BINGEN weiß außerdem, daß der Wegerich dabei hilft, ungewollt angezauberte Liebe wieder loszuwerden. ¶ Bei diesen vielfältigen Wirkungen wundert es nicht, daß ein Arzt aus dem Münsterland geklagt haben soll, er habe nichts zu tun, weil sich die Bauern mit Wegerich und anderen Heil- und Zauberkräutern selbst heilten. So jedenfalls berichtet KARL WAGENFELD Ende des 19. Jahrhunderts. ///////////

Legt sich ein Imker ein Wegerichblatt unter die Zunge, wird er von keiner Biene gestochen.

Spitzer Wegerich.

Gemeiner Stechapfel / Datura stramonium / *auch: Tollkörner, Asthmakraut, Donnerkugel, Teufelsapfel, Liebeszwinger, Schwarzer Kreuzkümmel, Igelskolben, Rauchapfelkraut*

Der Stechapfel gehört zur Familie der Nachtschattengewächse. Man findet ihn, allerdings selten, an Wegrändern, Zäunen oder Brachflächen und erkennt ihn an seinen großen, trichterförmigen, weißen Blüten (Juni bis Oktober) oder an seiner stacheligen Frucht, einer eiförmigen Kapsel, die den stark giftigen, braunen Samen enthält. Die Wurzel ist ebenfalls sehr giftig. ¶ Der Genuß des Stechapfels kann Erregungszustände, Sinnestäuschungen, Halluzinationen, ja sogar Delirien hervorrufen. So war es naheliegend, ihn als Rauschmittel zu benutzen. Zu Tabak verarbeitet oder dem Bier beigemengt, wurde seine berauschende Wirkung noch verstärkt. Sogar prophetische Träume sollten im Stechapfelrausch möglich sein. Stechapfel soll auch ein Bestandteil der Hexenflugsalben gewesen sein, mit der sich Hexen einrieben, um zum Hexensabbat zu fliegen. ¶ Wegen seiner narkotischen Wirkung wurde er in der Volksmedizin eingesetzt, zum Beispiel bei Zahnschmerzen oder starkem Kopfweh. Der Samen des Stechapfels sollte gegen Seitenstechen wirken. Vor allem aber galt er als Mittel der Bordellbetreiber, Buhlerinnen und Mädchenverführer, da er Frauen liebestoll und gefügig machen sollte. ///

Halluzinationen

Delirien

Hexenflugsalbe

Zahnschmerzen

Wenn der Stechapfelsamen, ins Feuer geworfen, beim Verbrennen laut knackt, ist ein kalter Winter zu erwarten.

71

DATVRA pericarpiis ſpinoſis nutantibus globoſis.
Linn. S. P. p. 179.
Stramonium. *Ludw.* D. G. P. 57.
Datura officin.
Stramonium fructu ſpinoſo rotundo, flore violaceo duplici tripliciue. *Hort. Cliff.* 55.

Echtes Tausendgüldenkraut / Centaurium erythraea / *auch: Erdgalle, Fieberkraut, Laurin*

Das Tausendgüldenkraut kann bis zu 30 Zentimeter hoch werden. Es blüht rosafarben in Form einer gabeligen Trugdolde zwischen Juni und September. Man findet es vor allem auf Waldlichtungen. ¶ Nach PLINIUS hat das Centaurium seinen Namen vom Kentauren Chiron, der eine Wunde mit dieser Pflanze heilen konnte. Im Mittelalter dachte man, der Name der Pflanze sei aus *centum* („hundert") und *aurum* („Gold") entstanden. Man sprach also vom „Hundertgüldenkraut". Wegen seiner großen Heilkraft erhöhte sich später sein „Wert", und die Pflanze erhielt den Namen „Tausendgüldenkraut". Nach ADAM LONITZER ist es — wie er etwas vage formuliert — *gut über Jahr zu vielen Sachen* (1573).

Bauchschmerzen

Sehr gebräuchlich war seine Verwendung als Magenbitter bei Bauchschmerzen. Man sprach ihm sogar die Kraft zu, gegen den Biß eines tollwütigen Hundes helfen zu können. ¶ Wie andere rotblühende Pflanzen

Wundkraut

wurde auch das Tausendgüldenkraut als Wundkraut eingesetzt. Seine rote Farbe zeigte dabei — so glaubte man — direkt die Art seiner Heil-

blutstillend

wirkung an. Seine blutstillende Wirkung sollte nach PLINIUS so groß sein, daß sogar Fleischstücke, die schon im Kochtopf sind, wieder zusammenwachsen, wenn man Tausendgüldenkraut dazugibt. //////////

Legt man etwas Tausendgüldenkraut mit in die Sparbüchse, wird das Geld nicht ausgehen.

Das vierde Capitel

des andern bůchs von den waſſern derē namen anheben an dem bůchſtaben. D

Tauſent guldin kraut

DUſent guldin kraut waſſer. Das kraut in latein centaurea genant. Es iſt auch von ettlichen Aurin genāt/ darumb ſein ſtengel gar nahe dem gold gleich ſeind mit einer roten blůmen/ vnd heiſt auch fieber kraut/ darumb wer ſein kraut ſeüdet mit wein/ oder dz pulver iſt oder trinckt des morgens nüchtern/ es wirt ſein ledig. Des krauts geſchlecht ſynd zweyerley groß vnd klein. Aber wenig autores hab ich fundē die die gröſt geſchēhabē/ wie wol etlich erfarende ſprechen/ es ſey das kraut metrā/ das von den lateiniſchē matricaria genāt wirt/ das ich für die war

einem rotfarben blümlin/ eins bitte
ſchmack. Die beſt zeyt ſeiner diſtili
iſt der ſtengel/ bletter vnnd blůmen
einander gehackt vnd gebrant/ im e
brachmonats. A Dauſent guldi
waſſer/ morgens vnd abens getru
iſt gůt denen die ein böſen vndö wi
ten magen hond/ den erwörmet es
vnd verzert was böſes im magen
Duſent guldin krut waſſer/ ein ki
lot/ ein alt menſch vier lot getrunck
treibt die würm in dem leib. C D
guldin kraut waſſer/ getrunckē am
nüchtern vff vier lot/ iſt gůt für de
D Dauſent guldin kraut waſſer
die friſchen wunden/ damit geweſ
tücher dariñ genetzt vnd darüber g
E Dauſent guldin kraut waſſer
bet die zeychen vnd maſen der alte
den offt damit geweſchen. F
guldin kraut waſſer fünff oder ſech
truncken vertreibt die todten kind
můter. G Dauſent guldin krut
iſt gůt da eim ein bein zerbrochē iſt
trinck allen abens vnnd morgens
heilt das wider an einander. H
guldin kraut waſſer iſt gůt dem
ſtoſſenden vnd röbtzendē magē/ v
luſt zů eſſen/ yedes mal vff vier lo
cken. J Dauſent guldin krut w
warm vnd trucken mit einer ſtipt
net die verſtopffung in ſchind/ te
macht ſubtyl die groben humore
gieret ſye/ vnnd treibt ſye vß/ w
umb/ man cliſtiert damit die die
ſüchtig ſeind/ oder das podagra
wañ es fürt auß die groben coler
matiſchen humores/ getruncken
vñ abens vff drey lot/ vnd das p
oder ſciatica mit gecliſtieret. K
guldin kraut waſſer getruncken z
dry lot/ iſt gůt für hertigkeit des
der lebern. L Dauſent guldin
ſer getruncken morgens vñ aben
iſt gůt für dz darm gegicht. M

Tollkirsche / Atropa belladonna

auch: Schlafkraut, Hexenkraut, Tollbeere, Wutbeere, Schlangenbeere, Wolfsbeere, Wolfsaugen

Die sehr stark giftige Tollkirsche gehört zu den Nachtschattengewächsen. Sie blüht mit braunvioletten, glockenförmigen Blüten zwischen Juni und August. Man findet sie an Waldrändern. Ihre Früchte sind schwarze, kirschgroße, glänzende Beeren. ¶ Die Tollkirsche trägt ihren lateinischen Namen *Atropa* nach der dritten Schicksalsgöttin Atropos

Lebensfaden

(„die Unabwendbare"), die den Lebensfaden der Menschen durchschneidet. ¶ Der Verzehr der Früchte verursacht Geistesverwirrung, Hal-

Tobsucht

luzinationen, Tobsucht — der Vergiftete macht nach PIETRO ANDREA MATTIOLI (1611) den Eindruck, *als hette ihn der Teufel besessen* — und kann in größeren Mengen sogar zum Tod führen. So war der Tollkirschensaft

Mordgift

schon in der Antike als Mordgift bekannt und wurde durch die Jahrhunderte gefürchtet: *Bald geht es durch eine Dickung, bald durch ein Gestrüpp von Nesseln und Tollkirsche, jetzt einen Schotterabhang hinab, dann hinauf durch ein Gewirre von Bingelkraut, das übersät ist mit glitzernden Perlen; jeder Tritt Mühe, jeder Schritt Anstrengung. Unstreitig ist jetzo die Belladonna (wie man die Tollkirsche nennt) unsere Muse, Primadonna und Madonna, und wir leben im poetischen Tollkirschenfest. Ich hielt ihm die Tollkirsche entgegen, und er erschrack.* JEAN PAUL, *Die unsichtbare Loge* (1793) ¶ Wahrscheinlich, weil die Tollkirsche sehr leicht zu tödlichen Vergiftungen führen kann, spielte sie in Deutschland als Zauberpflanze keine große Rolle. Der Glaube,

Glück beim Kartenspiel

daß man Glück beim Kartenspiel habe, wenn man die Wurzel der Tollkirsche als Amulett auf der Brust trage, war daher nicht sehr weit verbreitet. ¶ Geläufiger war die Verwendung von Belladonna zur Pupillenerweiterung. Besonders die Damen der italienischen Renaissance träufelten

Augen

sich den Saft der Pflanze in die Augen, die dadurch größer wirkten und einen „seelenvollen Glanz" erhielten. Von dieser Verwendung kommt auch ihr Name: Belladonna heißt „schöne Dame". /////////////////////

Wer mehr als neun Tollkirschen ißt, verliert den Verstand.

SOLANVM
SOMNIFERVM.

Dollkraut.

Wacholder / Juniperus communis
auch: Machandel, Heidesegen, Knirk, Reckholder, Kaddig, Kranewitt, Räucherstrauch, Feuerbaum

Der Wacholder gehört zur Familie der Zypressengewächse. Der anspruchslose Strauch hat nadelförmige, stechende Blätter und kann bis zu zwölf Meter hoch werden. Man findet ihn in der Heidelandschaft. Er blüht gelb zwischen April und Juni. Seine Beeren — botanisch gesehen sind es Beerenzapfen — sind im ersten Herbst noch grün und hart. Im zweiten Jahr werden sie bläulich schwarz und fleischig. Als Destillat gewinnt man aus ihnen Wacholderschnäpse wie Steinhäger, Genever oder Gin. ¶ *Nur der unverwüstliche und unverderbliche Haidesohn … stand mit eiserner Ausdauer da, der einzige lebhafte Feldbusch, das grüne Banner der Hoffnung; denn er bot freiwillig gerade heuer eine solche Fülle der größten blauen Beeren, so überschwenglich, wie sich keines Haidebewohners Gedächtniß entsinnen konnte.* Adalbert Stifter, *Das Haidedorf* (1840) ¶ Vor allem bei den germanischen Völkern stand der Wacholder in so hohem Ansehen, daß man vor ihm den Hut ziehen sollte. Mit seinen stacheligen Blättern galt er im Volks-
antidämonisch glauben als ein antidämonischer Strauch. Wenn ein Haus gebaut wurde, legte man einen Zweig Wacholder ins Fundament. In Bayern gab man beim Dreschen des Getreides Wacholdernadeln dazu, um alles Böse (auch
Mäuse Mäuse) von der Ernte fernzuhalten. ¶ Für ganz besonders wirksam gegen Dämonen hielt man Räucherungen mit Wacholderzweigen. In Pestzeiten
Pest wurden die Zimmer der Pestkranken mit Wacholder ausgeräuchert. In Tirol war es allgemein üblich, dies mit Sterbezimmern zu tun. ¶ Um die Herde vor Dämonen zu schützen, machten Hirten Feuer mit Wacholderholz. Und Hieronymus Bock schrieb in seinem *Kreutterbuch* von 1551: *Der Rauch von Weckholter holtz und beeren gemacht vertreibt Schlangen und allerlei ungeziffer.* ¶ In Bayern war es Brauch, sich bei einer Wanderung ein Wacholderzweiglein an den Hut zu stecken. Der immergrüne Wacholder sollte den Wanderer nicht müde werden lassen. Und mit einem Reisestab aus Wacholderholz würde man wieder glücklich heimkehren.

Die Glut von verbranntem Wacholderholz glimmt ein ganzes Jahr lang.

men seind weiß vñ hat samē d ist wyßß
vñ wechßt nah by den baumē vnd den
bechen. Diser sam wirt gnutzt in d artz
ny. Wer es aber sach dz mā des gleichē
nit haben möchte/soll man nemen des
bilsen kraut mit den roten blūmē. Dia
scori. spricht dz diß karut hab einē grob
en stengel vñ dabey hat es heubter die
seind vol samen/ vnd hat breite bleter
vnd langlecht.

j ¶ Der safft von bilsensamen ist gůt dē
der nit zůschaffen habē mag mit seiner
frawen/ wañ es bringt lust vñ reitzung

ij ¶ Diß safft in die oren gelassen/ macht
sterben die würm darinn.

iij ¶ Bilsenkrut gestossen darunder gemi
schet gersten mel vnd geleit vff ein ges
schwulst die sich erhaben hat von hytze
nimpt sye hinwegk.

iiij ¶ Die wurtzel von bilsenkrut gesoten
mit essig vnd den in dem mund ghaltē
nimpt das zanwee.

v ¶ Plinius. der sam grien gstossen vnd
den safft vßtruckt/ der ist fast gůt gstri
chen über die eyterechten agnen/ vnnd
nimpt den eyter daruon zůhand.
Wer den samen oder das krut eßß roe
dem wer es ein vergifft.

vj ¶ Den samen gemischt mit honig was
ser gnant mulsa nimt im das fliessē vō
der můter.

vij ¶ Platearius. der sam gestossen vnnd
gmischt mit wein vñ gleit vff die schwe
rende brüst der frawē hilfft fast wol.

viij ¶ Den samen gmischt mit mulsa vnd
das truncken/ ist gůt denen die da blůt
speyen. Item bilsen ist kalt in dem drit
ten grad/ vnd trucken an dem andern
grad. Platearius. vnd Pandecta.

ix ¶ Bilsen samen gpuluert/ mit frawen
milch vñ mit einem eyes weiß vñ mitt
wenig essig vermischt vñ vm dē schlaff
gestrichen/ macht wol schlaffen.
Auch magstu vor die füß weschē in was
ser dariñ bilsenkrut gesotten ist Plate.

Weghold Das ccxviij Ca.

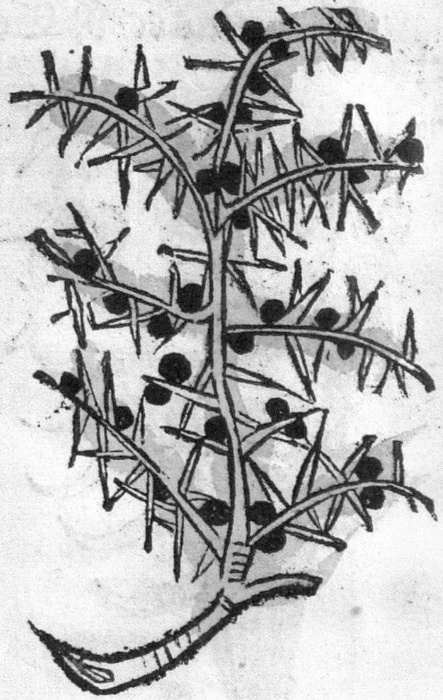

Juniperus vel granum iuniperi latine. grece arceotides. arabice habilhaloch.

¶ Diascori. spricht/ dz wegholder heißß vnd trucken seind an dem driten grad vnd die frucht des baums sey fast lust lich zůhalten in dem mundt/ vnd trybt vß bösen lufft. Itē Juniperus heisset wegholder baum vnd ist ein kriechisch wort/ vnd ist als vil gesprochen als ein feürbaum/ wann in kriechisch heist pir feür als dann spricht meister Isidorus vñ dauon kumpt das wort Juniperus darum̄ das der baum das feür lang be halt wann man glüende kolen mit des baums esch bedeckt/ so wert es ein gātz jar in dem feür vnuerloschen. j

Auicen. spricht/ dz d wegholter baum sey gleich einem cypressē baum/ darum̄ heist man den wegholter baum in der geschrifft ein feld cypressen/ der baum wechßt in dē landē gegen der sunnē vff gāg also groß dz mā da selbßt mit baw wet/ deßglichen wechßt auch cypressen holtz so groß dz mā mit buwet. ¶ Weg ij

Gemeine Wegwarte / Cichorium intybus / *auch: Hindläufte, Sonnenbraut, Sonnenwirbel, Verfluchte Jungfer, Wegeleuchte, Zichorie*

Die Wegwarte ist bei uns überall an Wegen, Rainen und Zäunen zu finden. Sie blüht von Juli bis September. ¶ Weil sich die blauen Blütenköpfe der Wegwarte nach der Sonne richten, wurde ihr auch der Name „Sonnenbraut" gegeben. ¶ Sehr geläufig ist das Märchen, daß die Wegwarte ein verzaubertes Mädchen sei, das am Wegrand auf seinen Geliebten wartet. So verwundert es nicht, daß die Pflanze im Liebeszauber als Sympathiemittel eingesetzt wurde. Wünschte man sich Zuneigung, so genügte es, sich mit dem Saft der Wegwarte zu salben. Dann erreichte man das Gewünschte leichter. ¶ Wegen ihrer besonderen Heilkraft wurde die Wegwarte auch „Allhelferin" genannt. Sie sollte unter anderem gegen das Hinken von Menschen und Tieren, die in einen Dorn oder Nagel getreten waren, helfen. Allerdings durfte sie für diesen Zweck nicht mit der bloßen Hand ausgegraben werden, sondern besser mit einem vom Blitz getroffenen Stück Holz. ¶ Die weißblühende Wegwarte galt als ganz besondere Wunderblume, die nur von einem Sonntagskind gepflückt werden durfte. ¶ Auch als Lebensmittel fand die Wegwarte Verwendung: Aus der gerösteten und gemahlenen Wurzel der Pflanze stellte man vor allem in Notzeiten einen günstigen Kaffee-Ersatz her, den bekannten Zichorienkaffee. ////////////////////////////////////

Liebeszauber

Hinken

Zichorienkaffee

Legt man die blaue Wegwartenblüte in einen Ameisenhaufen, wird sie rot.

INTVBVM SYL-
VESTRE.

Wegwart.

Gewöhnliches Widertonmoos / Polytrichum commune / *auch: Haarmoos, Widertat, Widertod, Widritat, Frauenhaar*

Verschiedene Pflanzen werden als Widerton bezeichnet. Am häufigsten ist mit dem seltsamen Namen aber das Widertonmoos gemeint. Man findet das Moos auf sauren Böden, vor allem in Fichtenwäldern oder in der Nähe von Mooren. Seine Stengel können über 30 Zentimeter hoch werden. Bei feuchter Witterung stehen die Blättchen fast waagrecht ab. ¶ Der Name „Widerton" kommt wohl von „Wider das Antun" und weist darauf hin, daß das Moos gegen bösen Zauber eingesetzt wurde. Es soll die Kraft haben, alles fernzuhalten, was dem Menschen und dem Vieh schadet. Moosgefüllte Säckchen hing man den Kühen zusammen mit der Glocke um den Hals. Ins Kleid eingenäht, bewahrte der Widerton junge Frauen vor den Nachstellungen des Teufels, der sich gerne als junger Bursche den Mädchen näherte. ¶ Allerdings schrieb bereits LEONHART FUCHS voll Mißtrauen in seinem *New Kreüterbuch* von 1543 über die Pflanze: *Man treibt sonst vil abentheur mit disem Widerthon, das lassen wir als narrenwerck vnd Teufels gespennst faren.* ¶ Praktische Anwendung fand der Widerton als Matratzenfüllung. Auch zum Abdichten von Ritzen in Holzhäusern oder von Fugen im Bootsbau wurde er verwendet.

böser Zauber

Teufel

Matratzenfüllung

Wer sich Widertonmoos unter die nackten Füße in die Schuhe steckt, bleibt beim Tanzen nicht sitzen.

Menſe Iulio utrunque reperitur.

TEMPERAMENTVM.

In caliditate & frigiditate ſymmetra ſunt: deſiccant tamen, extenuant & digerũt.

VIRES.

Decoctum eorundem in aqua aut lixiuia capillorũ radices firmat, ideoq; in alo-
cia caput glabrum capillis ueſtit. Potum, uiſcoſorum craſſorumq; è thorace pul-
oneq; excreationibus non mediocriter confert: lapides frangit, & urinas ducit.
orbo regio correptis & lienoſis auxiliatur. Strumas diſcutit, & in ſumma eadem
æ Adiantum poteſt. Recentiores ſuperſtitione quadam ducti, illis multa ridicu-
& incredibilia tribuunt.

Maius Polytrichum Apuleij.

Das groß guldin Widerthon.

Minus Polytrichum Apuleij.

Das klein guldin Widerthon.

Gewöhnlicher Wurmfarn / Dryopteris filix-mas / *auch: Schlangenkraut, Irrwurz, Flöhwurz, Bandwurmwurzel, Otternkraut, Hexenfittich, Teufelswisch*

Farne sind, genau wie Moose und Bärlappgewächse, blütenlose Pflanzen. Im Juni wachsen an der Unterseite ihrer Blätter kleine Sporenkapseln, aus denen als staubförmige Körnchen die Sporen fallen. Man findet Farne häufig in Wäldern, im Gebüsch oder an Mauern. ¶ Der Glaube an die magischen Kräfte des Farns bezieht sich vor allen Dingen auf den sagenhaften „Farnsamen", womit die Sporen gemeint sind. Zum Auffangen soll sich am besten ein geweihtes Tuch eignen, mit dem der Priester gewöhnlich den Meßkelch bedeckt. Die Sporen sollte man in einem eisernen Gefäß aufbewahren, weil alle anderen Materialien zu schwach für den zauberkräftigen „Samen" seien. ¶ Die wunderbarste Eigenschaft des Farnsamens ist, daß er unsichtbar machen kann. Mit Farnsamen im Schuh soll man von seinen Mitmenschen nicht mehr gesehen werden. Der Zauber hat aber ein Ende, sobald man die Schuhe wechselt. ¶ 1629 schreibt BEN JONSON in seiner Komödie *The New Inn*: *I had no medicine, Sir, to go invisible. No fern-seed in my pocket.* ¶ Farnsamen zu besitzen, verspricht Reichtum und Glück. Seinem Besitzer sollen alle Wünsche in Erfüllung gehen. Vermischt ein Jäger den Samen mit Schießpulver, ist ihm ein unfehlbarer Schuß garantiert. Beim Kartenspiel bekommt man alle Trümpfe, wenn man Farnsamen in der Tasche hat. Außerdem soll der Träger von Farnsamen große Kraft besitzen und mehr arbeiten können als andere. ¶ Man sollte allerdings achtgeben und im Wald nicht auf die Pflanze treten. Das hätte zur Folge, daß man sich nicht mehr zurechtfindet und im Wald umherirrt. Deshalb wird der Farn auch Irrwurz genannt. Auch hier hilft es, die Schuhe zu wechseln, um den Weg wiederzufinden. ¶ OTTO BRUNFELS schreibt dazu in seinem *Herbarum vivae* von 1530: *Mag war sein, mag auch wol teufels gespenst sein.* ¶ Farnkraut, unters Bett gelegt, hält Ungeziefer wie Milben, Wanzen und Läuse fern. Und schon PLINIUS wußte, daß Schlangen die Orte meiden, an denen Farn wächst. ///////////

Farnsamen
unsichtbar
Reichtum und Glück
Schießpulver
Kartenspiel
Irrwurz
Ungeziefer

Wer Farnsamen bei sich trägt, versteht die Sprache der Tiere.

FILIX MAS

Waldfarn mennle.

Ausgewählte Literatur

ABRAHAM, HARTWIG/THINNES, INGE: *Hexenkraut und Zaubertrank, Unsere Heilpflanzen in Sagen, Aberglauben und Legenden*, Greifenberg 1996.

DR. AIGREMONT (Pseudonym für Schultze-Galléra, Siegmar von): *Volkserotik und Pflanzenwelt*, Berlin 1997 (Nachdruck der Ausgabe Leipzig 1907).

BÄCHTHOLD-STÄUBLI, HANNS (Hrsg.): *Handwörterbuch des deutschen Aberglaubens*, 10 Bände, Berlin 2000 (Nachdruck der Ausgabe Berlin, Leipzig 1927 — 1942).

BECKMANN, DIETER/BECKMANN, BARBARA: *Alraun, Beifuß und andere Hexenkräuter. Alltagswissen vergangener Zeiten*, Frankfurt a.M. 1990.

BIRLINGER, ANTON: *Volksthümliches [Volkstümliches] aus Schwaben, 2 Bände (1. Sagen, Legenden, Volksaberglauben; 2. Sitten und Rechtsbräuche)*, Freiburg 1861/62.

BOCK, HIERONYMUS: *New Kreutterbuch von vnderscheydt, würckung und namen der kreütter so in Teütschen landen wachsen. Beschriben durch Hieronymum Bock aus langwiriger vnnd gewisser erfarung vnnd gedruckt zu Straßburg durch Wendel Ribel.* Im jar 1539.

BRUNFELS, OTTO: *Contrafayt Kreüterbuch Nach rechter vollkommender art und Beschreibungen der Alten besst beruempter aertzt vormals in Teütscher sprach der masszen nye gesehen noch im Truck auszgangen. Durch Otho Brunfelsz Newlich beschriben.* 1532. Zu Strasszburg bey Hans Schotten zum Thyergarten.

BUCK, MICHEL: *Medicinischer [Medizinischer] Volksglauben und Volksaberglauben aus Schwaben*, Riedlingen 1979 (Nachdruck der Ausgabe Ravensburg 1865).

BUMILLER, MATTHIAS und WOLFF, NATHALIE: *Blumenkatalog — Catalogue de Fleurs*, Stuttgart 2002.

DRESSENDÖRFER, WERNER: *Blüten, Kräuter und Essenzen. Heilkunst alter Kräuterbücher*, Ostfildern 2003.

ENGEL, FRITZ-MARTIN: *Giftpflanzen, Pflanzengifte*, Zürich 1984.

ENGEL, FRITZ-MARTIN: *Zauberpflanzen, Pflanzenzauber*, Hannover 1978.

FUCHS, LEONHART: *New Kreüterbuch in welchem nit allein die gantz histori das ist namen gestalt statt vnd zeit der wachsung natur krafft vnd würckung des meysten theyls der kreutter so in Teütschen und anderen landen wachsen mit dem besten vleiss beschriben … durch den hochgeleerten Leonhart Fuchsen …* Gedruckt zu Basell durch Miachael Isingrin. 1543.

GENAUST, HELMUT: *Etymologisches Wörterbuch der botanischen Pflanzennamen*, Basel, 3. Auflage 2005.

GESSMAN, GUSTAV WILHELM: *Die Pflanze im Zauberglauben und in der spagyrischen Heilkunst*, Berlin 1922.

HAMBEL, VERA: *Verwendung und Bedeutung der Alraune in Geschichte und Gegenwart*, Passau 2003.

HEILMANN, KARL EUGEN: *Kräuterbücher in Bild und Geschichte*, München-Allach 1966.

KRÄUTERMANN, VALENTINUS (Pseudonym für Hellwig, Christoph von): *Der curieuse und vernünfftige Zauberartzt*, Lindau 1979 (Nachdruck der Ausgabe Frankfurt, Leipzig 1725).

Kronfeld, Ernst Moritz: *Donnerwurz und Mäuseaugen. Zauberpflanzen und Amulette in der Volksmedizin*, Berlin 1898.
Kronfeld, Ernst Moritz: *Sagenpflanzen und Pflanzensagen*, Leipzig 1919.
Kuba, Johannes von: *Das Kreüterbuch oder Herbarius. Das buch von allen Kreütern, wurtzlen und anderen Dingen, wie mans brauchen soll zu gesundthayt der Menschen, von newen corrigiert und gebessert*, Augsburg 1534.
Lonitzer, Adam: *Kreuterbuch. Jetzo ... von newem durchsehen, gebessert, und ... gemehret*, Frankfurt a.M. 1577.
Marzell, Heinrich: *Himmelsbrot und Teufelsleiter. Volkstümliche Pflanzennamen aus Bayern*, München 1951.
Marzell, Heinrich: *Die Pflanzen im deutschen Volksleben*, Jena 1925.
Marzell, Heinrich: *Die Tiere in deutschen Pflanzennamen*, Wiesbaden 1978 (Nachdruck der Ausgabe Heidelberg 1913).
Marzell, Heinrich: *Wörterbuch der deutschen Pflanzennamen*, 5 Bände, Leipzig 1943 — 1958.
Marzell, Heinrich: *Zauberpflanzen Hexentränke. Brauchtum und Aberglaube*, Stuttgart 1964.
Mattioli, Petro Andrea: *Kreutterbuch. ... gemehret unnd verfertiget durch Ioachimum Camerarium ...*, Frankfurt a.M. 1611.
Müller-Ebeling, Claudia / Rätsch, Christian / Storl, Wolf-Dieter: *Hexenmedizin. Die Wiederentdeckung einer verbotenen Heilkunst — schamanische Traditionen in Europa*, Aarau 1998.
Nissen, Claus: *Die botanische Buchillustration. Ihre Geschichte und Bibliographie*, Stuttgart 1966.
Rahner, Hugo: *Griechische Mythen in christlicher Deutung*, Freiburg 1984.
Scherf, Gertrud: *Zauberpflanzen Hexenkräuter. Mythos und Magie heimischer Wild- und Kulturpflanzen*, München, Wien, Zürich 2002.
Schmid, Alfred: *Über alte Kräuterbücher*, Bern, Leipzig 1939.
Schöpf, Hans: *Zauberkräuter*, Graz 1986.
Schreiber, Wilhelm: *Die Kräuterbücher des XV. und XVI. Jahrhunderts*, Stuttgart 1982 (Nachdruck der Ausgabe München 1924).
Schuler, Josef: *Habermarka und Bettscheißer*, Jungingen 2002.
Starck, Adolf Taylor: *Der Alraun. Ein Beitrag zur Pflanzensagenkunde*, Berlin 1997 (Nachdruck der Ausgabe Baltimor, Furst 1917).
Stoffler, Hans-Dieter: *Kräuter aus dem Klostergarten. Wissen und Weisheit mittelalterlicher Mönche*, Ostfildern 2002.
Wittlin, Dorit: *Mandragora. Eine Arzneipflanze in Antike, Mittelalter und Neuzeit*, Basel 1999.
Zander, Robert: *Handwörterbuch der Pflanzennamen*, Stuttgart, 17. Auflage 2002.

Bildnachweis

Universitätsbibliothek Eichstätt-Ingolstadt:

Bock, Hieronymus: *Kreutterbuch darin Underscheidt Namen unnd Würckung der Kreütter, Stauden, Hecken und Beumen ...* (Straßburg 1595): Hahn und Teufel S. 18.

Württembergische Landesbibliothek Stuttgart:

Blackwell, Elizabeth: *Herbarium Blackwellianum emendatum et auctum* (Nürnberg 1750/1765/1773): Keulenbärlapp S. 73.

Fuchs, Leonhart: *De historia stirpium commentarii insignes ...* (Basel 1542): Vor- und Nachsatz (Kleiner Roßschwanz), Drei Künstler S. 13, Alant S. 25, »Männliche« Alraune S. 31, Aronstab S. 35, Beifuß S. 37, Bilsenkraut S. 41, Eberwurz S. 49, Gänseblümchen S. 57, Holunder S. 67, Judasohr S. 71, Labkraut S. 81, Mistel S. 89, Quendel S. 97, Schierling S. 107, Schlafmohn S. 111, Tollkirsche S. 125, Wegwarte S. 129, Widertonmoos S. 131, Wurmfarn S. 133.

Kniphof, Johann Hieronymus: *Botanica in originali seu herbarium vivum* (Halle 1757): Bilsenkraut S. 43, Johanniskraut S. 69, Lein, Flachs S. 85, Maiglöckchen S. 87, Rainfarn S. 99, Raute S. 101, Stechapfel S. 121.

Das Kreuterbuch oder Herbarius (Straßburg 1530): S. 23, Bibernelle S. 39, Frauenmantel S. 55, Hauswurz S. 61, Holunder S. 65, Odermennig S. 95, Tausendgüldenkraut S. 123, Wacholder S. 127.

Krombholtz, Julius Vincenz: *Naturgetreue Abbildungen und Beschreibungen der essbaren, schädlichen und verdächtigen Schwämme* (Prag 1831–46): Fliegenpilz S. 53, Mutterkorn S. 91.

Lonitzer, Adam: *Kreuterbuch, künstliche Conterfeytunge der Bäume, Stauden, Hecken ...* (Frankfurt a.M. 1577): Brennessel S. 47, Blauer Eisenhut S. 51, Königskerze S. 79, Schierling S. 109, Sonnentau S. 117.

Merian, Matthäus: *Historia naturalis de arboribus et plantis* (Heilbronn 1769): Boramez S. 45.

Ortus Sanitatis (Straßburg 1517): Narzisse S. 16, »Männliche« Alraune S. 29, »Weibliche« Alraune S. 33.

Theodorus, Jakob Theodorus: *New vollkommen Kräuter-Buch* (Basel 1664): Moos vom Totenkopf S. 17.

Weinmann, Johann Wilhelm: *Eigentliche Darstellung einiger Tausend ... gewachsener Bäume, Stauden, Kräuter, Blumen, Früchte und Schwämme ...* (Regensburg 1735): Adonisröslein S. 20, Allermannsharnisch S. 27, Gallapfel S. 59, Rosengalle S. 103.

Stadtbibliothek Trier:

Brunfels, Otto: *Contrafeyt Kreüterbuch nach rechter vollkommener art ...* (Straßburg 1532): Ein unbekant Waldtkraut S. 21, Geflecktes Knabenkraut S. 75, Kleines Knabenkraut S. 77, Schlüsselblume S. 113, Spitzwegerich S. 119.

Mattioli, Pietro Andrea: *Kreutterbuch, jetzt widerumb mit vielen schönen newen Figuren* (Frankfurt a.M. 1611): Herbstzeitlose S. 63, Lein, Flachs S. 83, Schwarze Nieswurz S. 93, Schafgarbe S. 105, Schöllkraut S. 115.

Ryff, Walther Hermann: *Das New groß Distillier Buch* (Frankfurt a.M. 1545): Destillierapparatur S. 19.

Archiv des Autors:

Kritzeleien und Notizen S. 14, S. 15.